丛书主编　李国强

装配式建筑职业技能教学

装配式混凝土建筑施工技术

宫　海　主　编
魏建军　副主编

中国建筑工业出版社

图书在版编目（CIP）数据

装配式混凝土建筑施工技术 / 宫海主编 .—北京：中国建筑工业出版社，2020.8（2023.1重印）
（装配式建筑职业技能教学培训系列用书 / 李国强主编）
ISBN 978-7-112-25181-0

Ⅰ.①装… Ⅱ.①宫… Ⅲ.①装配式混凝土结构-混凝土施工-技术培训-教材 Ⅳ.①TU755

中国版本图书馆CIP数据核字（2020）第086840号

《装配式混凝土建筑施工技术》是装配式建筑职业培训系列用书之一，由具有多年装配式混凝土建筑施工经验的工程师和相关专业的职业院校老师共同编写。本书旨在满足装配式建筑施工现场专业管理人员和操作人员培养的需要，进一步提升专业从业人员的职业技能，提高装配式建筑施工质量安全水平。

本书共包括11章内容，每章内容结尾配有相关的思考练习题，十分适合装配式建筑施工专业人员和广大职业院校装配式建筑专业的学生学习使用。

责任编辑：张伯熙 曹丹丹
责任校对：焦 乐

装配式建筑职业技能教学培训系列用书
丛书主编 李国强

装配式混凝土建筑施工技术

宫 海 主 编
魏建军 副主编

*

中国建筑工业出版社出版、发行（北京海淀三里河路9号）
各地新华书店、建筑书店经销
北京建筑工业印刷厂制版
北京建筑工业印刷厂印刷

*

开本：787×1092毫米 1/16 印张：$12\frac{1}{2}$ 字数：303千字
2020年7月第一版 2023年1月第八次印刷
定价：**42.00**元
ISBN 978-7-112-25181-0
（35920）

装配式建筑职业技能教学培训系列用书

编审委员会

主　任： 李国强

副主任： 宫　海　方桐清　徐广舒　魏建军　郭　操　刘　青　魏晨光

委　员： 张　蓓　张鑫鑫　陈　晨　海　潮　张　林　白世烨　杨雨峰　马军卫　薛　竣　许亚明　黄　炜　王　璐　朱玲玲

主编单位

国家土建结构预制装配化工程技术研究中心

南通装配式建筑与智能结构研究院

参编单位

南通职业大学

江苏建筑职业技术学院

常州工程职业技术学院

本书编写委员会

主　　编：宫　海

副 主 编：魏建军

编写人员：白世烨　张鑫鑫　陈　晨
　　　　　许亚明　黄　炜　王　璐
　　　　　朱玲玲　魏晨光　樊裕华
　　　　　朱晓东　张　建

丛书前言

中华人民共和国成立以来，装配式建筑作为实现建筑工业化的重要手段，在国内得到了重视与发展。1956年国务院发布《关于加强和发展建筑工业化》的决定，文件指出要积极的有步骤地实行工厂化生产、机械化施工，逐步完成对建筑工业化技术的改造，逐步完成向建筑工业化的过渡。从20世纪50年代起，我国就开始推广标准化、工业化、机械化的预制装配式建筑。20世纪70年代末从东欧引入装配式大板住宅体系后全国发展了数万家预制构件厂，推出了大量的标准化预制构件以及标准化部品图集，但是受到当时设计水平、产品工艺与施工条件等的限制，导致装配式建筑遭遇到较严重的抗震安全问题，而城市化进程的加快，吸引了大量低成本廉价劳动力，使得装配式建筑的优势被削弱，对于装配式建筑的应用逐步减少，20世纪80年代中后期我国装配式建筑的发展基本陷入了停滞，无形中被全现浇混凝土结构所取代，大量预制构件厂被纷纷关闭。

近几年来，我国在总结早期建筑业发展经验的基础上，全面调整我国建筑业发展结构，促进建筑产业转型升级，在国家和地方政府大力提倡节能减排政策的引导下，建筑业开始向绿色、工业化、信息化等方向发展，大力发展装配式建筑逐步成为市场共识。2014年住房城乡建设部正式出台《关于推进建筑业发展和改革的若干意见》，明确提出推动建筑产业现代化的目标；2016年9月，国务院办公厅出台《国务院办公厅关于大力发展装配式建筑的指导意见》，进一步专门针对推进装配式建筑提出十五条意见，包括总体要求、重点任务、保障措施等，明确提出了力争用10年左右的时间，使装配式建筑占新建建筑的比例达到30%。根据住房城乡建设部的相关调研，2019年全国新开工装配式建筑4.2亿m^2，较2018年增长45%，占新建建筑面积的比例约13.4%。其中，上海市新开工装配式建筑面积3444万m^2，占新建建筑的比例达86.4%；北京市1413万m^2，占比为26.9%；湖南省1856万m^2，占比为26%；浙江省7895万m^2，占比为25.1%。江苏、天津、江西等地装配式建筑在新建建筑中占比均超过20%，在相关政策的持续推动、建筑技术持续升级的背景下，我国装配式建筑面积及行业规模迎来快速发展。

然而，在我国大规模推广装配式建筑的同时，也面临着技术体系不成熟和人才储备严重不足的问题，装配式建筑从业人员的整体素质整体不高，无法支撑新型装配式建筑的发展。因此，加快培养一批适应新型装配式建筑领域发展的高水平技术人员、管理人员以及一线作业人员，对全面推广装配式建筑意义重大且十分紧迫。一方面，在职业院校中设立装配式建筑相关专业，可以通过校企联合、项目实践等方式，企业提供良好的实习环境，高校设立相关专业或者相关课程，为装配式建筑的发展输送专业的人才。另一方面，针对装配式建筑相关从业人员，进行专业技能的培训，例如，深化设计培训、灌浆培训、吊装培训、构件生产培训等，通过对装配式建筑相关知识的系统梳理、标准化作业流程，从而提升从业者职业技能。

本套丛书包括《预制混凝土构件生产》《装配式混凝土建筑施工技术》《装配式混凝土

建筑深化设计理论与实务》《装配式混凝土建筑质量管理》四本教学培训用书。丛书的编写以装配式混凝土建筑应用技术技能人才培养为目标，既可作为高等院校土建类相关专业的参考教材，也可作为装配式建筑技术人员和管理人员学习、培训的参考教材。另外，丛书编写过程中植入了相关的规范条文，具有较强的实用性，因此，也可作为一线作业人员的工具书。丛书的编写人员，一是来自具有丰富教学经验的高校教授及讲师，因此教材内容更加贴近教学实际需要，方便“老师的教”和“学生的学”；二是来自装配式建筑相关企业、科研单位一线的专家和技术骨干，在编写内容上更加贴近装配式建筑设计、生产、施工等实际状况，保证了读者所需要的知识，真正做到“学以致用”。另外，本教材以国家现行规范为基础，结合国内主流的施工工法、生产工艺等进行编写，介绍了部分装配式建筑领域的最新工艺及发展趋势，不仅具有原理性、基础性，还具有一定的先进性和现代性。

最后，由于装配式建筑发展迅速，新技术、新材料、新工艺等不断涌现，各地区的标准之间存在一些差异，且由于时间仓促，编著者学识水平有限，丛书疏漏和错误之处在所难免，欢迎广大读者提出宝贵的修改意见。

前　言

装配式建筑是指用预制的构件在工地装配而成的建筑，通过“标准化设计、工厂化生产、装配式施工、一体化装修、过程管理信息化”，全面提升建筑品质和建造效率，达到可持续发展的目标。党中央、国务院十分重视建筑业的技术进步和健康发展，《中共中央国务院关于进一步加强城市规划建设管理工作的若干意见》和《关于大力发展装配式建筑的指导意见》都提出了大力发展装配式建筑的要求，意见指出发展装配式建筑是建造方式的重大变革，是推进供给侧改革和新型城镇化发展的重要举措。

近年来，随着社会各界对装配式建筑的高度重视和政府的大力推动，装配式建筑的市场规模迅速扩大，行业对符合装配式建筑施工要求的人才需求日益迫切。为满足装配式建筑施工现场专业管理人员和操作人员培养的需要，我们组织编写了《装配式混凝土建筑施工技术》培训教材，以提升从业人员的职业技能，提高装配式建筑施工质量安全水平，进一步推进装配式建筑的发展。

本书在构思和撰写过程中，突出了以下特点：

1. 注重装配式建筑混凝土预制构件施工技术的系统性。本书从装配式建筑混凝土预制构件施工的全过程入手，多维度进行阐述。

2. 注重装配式建筑混凝土预制构件施工过程的可操作性、可实施性。对装配式建筑施工中的吊装和灌浆两个关键步骤的技术要点进行了提炼和总结。

本书可作为装配式建筑施工专业人员培训教材，也可作为职业院校装配式建筑专业教学用书。全书共分为 11 章，各章配有思考练习题，以期通过学习，使读者了解和掌握装配式建筑混凝土预制构件施工中的各项技术要点。

本书由南通装配式建筑与智能结构研究院牵头，与南通职业大学、常州工程职业技术学院、江苏中南建筑产业集团有限责任公司、南通汉腾建筑科技有限公司等单位的专家学者共同完成，并得到了白世烨博士、戴世明博士等学者的支持和帮助。

本书在编写过程中，查阅和检索了许多建筑工业化方面的信息和资料，借鉴和吸收了众多学者的研究成果，谨向他们致以诚挚的谢意！

由于装配式建筑正处于不断发展和实践过程中，尚有许多技术问题需要进一步的研究，加上编者水平有限，虽经过反复研讨、修改，仍难免存在疏漏与不足之处。恳请广大读者提出宝贵意见，批评指正，以便再版时进一步修改完善。

目　录

第1章　装配式混凝土建筑施工概述

1.1　装配式建筑概述

1. 装配式建筑概念

按照国家标准《装配式混凝土建筑技术标准》GB/T 51231—2016的定义，装配式建筑是“结构系统、外围护系统、设备与管线系统、内装系统的主要部分采用预制部品部件集成的建筑”，从这个定义看，装配式建筑不仅是结构系统，而是4个系统的主要部分采用预制部品部件集成。在条文说明中指出，装配式建筑是一个系统工程，是将预制部品部件通过模数协调、模块组合、接口连接、节点构造和施工工法等集成装配而成的，在工地高效、可靠装配，并做到主体结构、建筑围护、机电装修一体化的建筑。

装配式建筑主要表现出以下几项特征：

（1）以完整的建筑产品为对象，以系统集成为方法，体现加工和装配需要的标准化设计。

（2）以工厂精益化生产为主的部品部件。

（3）以装配和干作业为主的现场施工。

（4）以提升建筑工程质量安全水平，提高劳动生产效率，节约能源，减少对环境造成的污染，以及全生命周期的可持续使用为目标。

（5）基于BIM技术的全链条信息化管理，实现设计、生产、施工、装修和运维协同以及后期的运维一体化。

2. 装配式建筑综合效益

（1）社会效益

装配式住宅在减少能源消耗的同时，也大幅度降低了对环境的影响，装配式混凝土建筑与传统建造方式对比见图1-1-1。根据国内相关研究报告的统计数据显示，在能源消耗方面，装配式住宅建造过程能够节约15%的能源，使用过程中节约能源约25%～35%；在水资源方面，装配式住宅建造过程能够节约36%以上的水资源；装配式住宅建造过程中产生的空气粉尘等污染为传统住宅的20%，产生的建筑垃圾为传统住宅的30%；装配式住宅建筑工地的噪声比传统住宅低15dB，装配式住宅的隔声效果也优于传统住宅，受外界噪声干扰平均低于8dB。因此，装配式住宅的社会效益明显优于传统住宅。

（2）工程效益

由于装配式建筑技术拥有标准化设计、工厂化生产、装配化施工、一体化装修、信息化管理、智能化应用等特点，相对于传统的建造方式来说更具优势，因此使用装配式建造方式能够产生巨大的工程效益。表1-1-1为装配式混凝土结构与现浇混凝土结构对比分析表。

图1-1-1　装配式混凝土建筑与传统建造方式对比

装配式混凝土结构与现浇混凝土结构对比分析表　　表1-1-1

内　容	装配式混凝土结构	现浇混凝土结构
生产效率	避免了传统建筑在施工过程中由于混凝土浇筑、混凝土养护等工序和雨雪等天气因素的影响，导致施工周期的延误。现场装配，生产效率高，减少人力成本，5～6d施工一层楼，人工减少50%以上	现场工序多，存在大量湿作业，生产效率低，人力投入大，6～7d施工一层，靠人海战术和低价劳动力完成施工
工程质量	误差控制毫米级，墙体无渗漏、无裂缝，室内可实现100%无抹灰工程	误差控制厘米级，空间尺寸变形大，部品安装难以实现标准化，基层质量差
技术集成	可实现设计、生产、施工一体化，精细化，通过标准化、装配化形成集成技术	难以实现装修部品的标准化、精细化，难以实现设计、施工一体化、信息化
资源节约	施工节水60%、节材20%、节能20%，产生的垃圾减少80%、脚手架和支撑架用量减少70%	水耗大、用电多、材料浪费严重，产生的垃圾多，使用大量脚手架和支撑架
环境保护	施工现场无扬尘、无废水、无噪声	施工现场有扬尘、废水、垃圾、噪声

3. 装配式建筑政策

近年来，国家密集出台政策支持装配式建筑的发展，表1-1-2详细列出了装配式建筑的相关文件及其内容。

近年来国家装配式建筑政策汇总表　　表1-1-2

日　期	部　门	政　策	主要内容
2015年8月	住房城乡建设部	《工业化建筑评价标准》GB/T 51129—2015	规范工业化建筑的评价，推进建筑工业化发展，促进传统建造方式向现代工业化建造方式转变，提高房屋建筑的质量和效率
2015年11月	住房城乡建设部	《建筑产业现代化发展纲要》	到2020年，装配式建筑占新建建筑的比例在20%以上，到2025年，装配式建筑占新建建筑的比例50%以上

续表

日　期	部　门	政　策	主要内容
2016年2月	国务院	《关于大力发展装配式建筑的指导意见》	因地制宜发展装配式混凝土结构、钢结构和现代木结构等装配式建筑。力争用10年左右的时间，使装配式建筑占新建建筑面积的比例达到30%
2016年3月	国务院	政府工作报告	要大力发展钢结构和装配式建筑
2016年7月	住房城乡建设部	《2016年科学技术项目计划装配式建筑科技示范项目名单》	公布了2016年科学技术项目计划——装配式建筑科技示范项目
2017年2月	国务院	《关于促进建筑业持续健康发展的意见》	力争用10年左右的时间，使装配式建筑占新建筑面积的比例达到30%
2017年3月	住房城乡建设部	《“十三五”装配式建筑行动方案》《装配式建筑示范城市管理办法等》	进一步明确阶段性工作目标，落实重点任务，强化保障措施
2017年4月	住房城乡建设部	《建筑业发展“十三五”规划》	到2020年，城镇绿色建筑占新建建筑面积比重达到50%，新开工全装修成品住宅面积达到30%，绿色建材应用比例达到40%，装配式建筑面积占新建建筑面积比例达到15%
2017年5月	国务院	《“十三五”节能减排综合工作方案》	到2020年，城镇绿色建筑面积占新建建筑面积比重提高到50%，实施绿色建筑全产业链发展计划，推行绿色施工方式，推广节能绿色建材、装配式和钢结构建筑

除了国家层面的政策文件支持外，我国各个省、市、自治区均已发布文件，大力支持装配式建筑的发展，并制定了具体的工作目标和支持政策。

（1）山东省

山东省在《山东省推进钢结构装配式住宅建设试点方案》文件中指出，到2020年，初步建立符合山东省实际的钢结构装配式住宅技术标准体系、质量安全监管体系，形成完善的钢结构装配式住宅产业链条。到2021年，全省新建钢结构装配式住宅300万m^2以上，其中，重点推广地区新建钢结构装配式住宅200万m^2以上，基本形成鲁西南、鲁中和胶东地区钢结构建筑产业集群。加大对装配式建筑的财政支持力度，对具有示范意义的工程项目、产业基地给予资金奖励。钢结构装配式住宅项目按规定给予一定的容积率奖励，工程质量保证金计取基数可以扣除预制构件价值部分。对钢结构装配式商品住宅项目，可降低预售条件及预售资金监管标准和监管资金留存比例，具体办法由各设区市制定。

除了山东省层面对装配式建筑的支持政策外，许多地级市都对装配式建筑的发展，给予了明确的政策支持。山东省聊城市在《聊城市2019年装配式建筑发展实施要求》中指出，2019年装配式建筑占新开工建筑的比例主城区不低于25%，县市不低于18%，并且明确采用装配式技术的建筑，其预制外墙面积不超过规划总面积的3%的部分，不计入容积率；淄博市在《2019年淄博市绿色建筑与装配式建筑工作考核要点》中明确指出，将采用装配式建筑纳入项目建设条件意见书，明确装配式建筑占新建建筑比例，2019年装配式建筑占新建建筑的比例达到20%以上；山东省临沂市则指出在保障性住房、中小学、幼儿园、医院、体育馆等政府投资工程建设中全面采用装配式建造技术；青岛市《关于组织申报2019年度青岛市绿色建筑及装配式建筑奖励资金的通知》中指出，装配式建筑的项目中，单体预制率达到50%以上的装配式建筑示范项目，给予100元/m^2的奖励，单个项目500万元封顶。装配式超低能耗建筑施工教育基地给予100万元奖励。

（2）北京、上海

北京市在《北京市发展装配式建筑2018～2019年工作要点》中指出，2019年装配式建筑占新建建筑的比例达到25%以上，基本形成适应装配式建筑发展的政策和技术保障体系。

上海市人民政府办公厅印发《关于促进本市建筑业持续健康发展的实施意见》要加强制度和能力建设，建立适应本市特点的装配式建筑制度、技术、生产和监管体系，进一步强化培训管理，加快形成适应装配式建筑发展的市场机制和发展环境。通过大力推广装配式建筑，加快创建国家装配式建筑示范城市，符合条件的新建建筑全部采用装配式技术，装配式建筑单体预制率达到40%以上或装配率达到60%以上。

（3）江苏省

江苏省南京市在《市政府关于促进我市建筑业高质量发展的实施意见》中明确指出，至2020年南京市场装配式建筑占新建建筑的比例达到30%以上；江苏省盐城市在《关于进一步推进全市装配式建筑发展的通知》中指出，2019年全市装配式建筑占新建建筑的比例，达到17%以上，新建装配式建筑的预制率在45%以上，新建成品住宅的比例达到25%以上，到2020年，全市新建装配式建筑的比例达到30%以上，到2025年新建装配式建筑的比例，占建筑总量的比例不低于50%。

（4）广东省

广东省韶关市《韶关市人民政府办公室关于大力发展装配式建筑的实施意见》中指出，到2020年底，装配式建筑占新建建筑的比例达到10%以上，其中政府投资的工程装配式建筑的面积占比要达到30%以上，到2025年底前，装配式建筑占新建建筑的比例达到20%以上，其中，政府投资工程装配式建筑占新建建筑的比例达到50%以上；佛山市在《佛山市推广装配式建筑实施办法》中明确指出，确保2020年实现装配式建筑占新建建筑的比例达到20%以上，其中政府投资工程装配式建筑占比达到50%以上，确保2025年实现新建装配式建筑面积占新建建筑面积达到35%以上，其中政府投资工程装配式建筑面积达到70%以上。

通过对国家及部分省市装配式建筑支持文件的梳理，我们可以发现装配式建造方式正得到越来越多的关注，装配式建筑占新建建筑比重逐步提升，装配式建筑正式上升到国家战略层面。因此，规范化装配式建筑的建造流程，提升装配式建筑的品质，显得尤为重要。

1.2　装配式混凝土建筑结构体系

1. 装配整体式结构与全装配式结构的区别

装配式混凝土建筑是指以工厂化生产的钢筋混凝土预制构件为主，通过现场装配的方式设计建造的混凝土结构类建筑。装配式混凝土建筑结构形式主要包括装配整体式混凝土结构（图 1-2-1）、全装配式混凝土结构。根据《装配式混凝土结构技术规程》JGJ 1—2014 中的术语说明，装配整体式混凝土结构是指预制混凝土构件通过可靠的方式进行连接并与现场后浇混凝土、水泥基灌浆料形成整体的装配式混凝土结构，简称装配整体式结构。

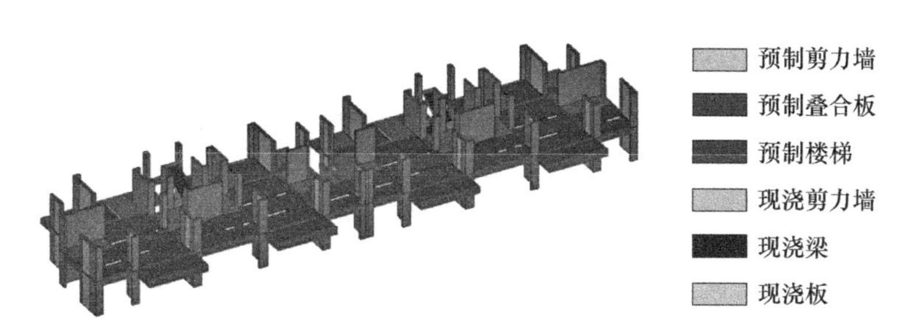

图 1-2-1　装配整体式结构构件示意图

全装配混凝土结构是指由预制混凝土部品部件通过干式连接而形成的整体装配式结构。常见的干式连接方式主要有牛腿连接、焊接、螺栓连接等（图 1-2-2）。后者的节点连接方式方便快捷，但是结构的整体性能、耗能机制及设计方法等需要根据节点性能确定，与装配整体式混凝土结构区别较大。

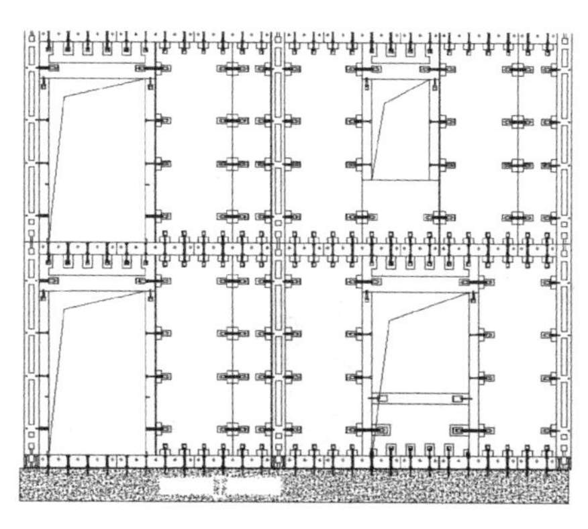

图 1-2-2　预制全装配式框架体系节点示意图

2. 装配整体式混凝土结构体系

一般而言，任何形式的钢筋混凝土现浇结构体系建筑，都可以实现装配式。但有的结构适宜装配式建造且技术与经验均已成熟，有的结构则正在探索之中。现有装配混凝土建筑结构体系详见图 1-2-3。

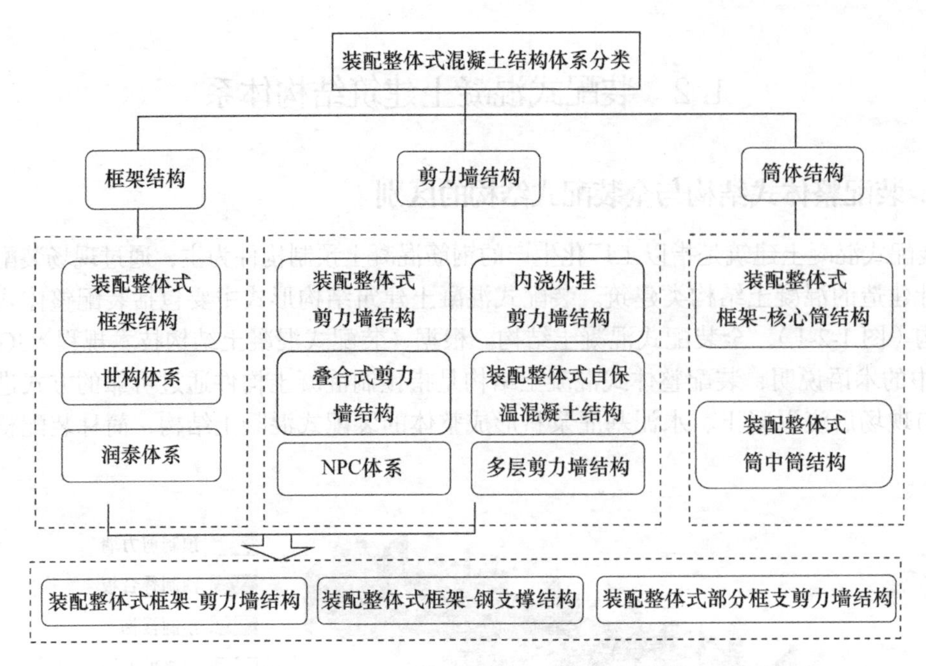

图 1-2-3　装配整体式混凝土结构体系分类

不同的装配整体式混凝土结构体系适用于不同的建筑类型（图 1-2-4～图 1-2-6），表 1-2-1 详细列出了各类装配整体式混凝土结构体系的特点及适用建筑类型。

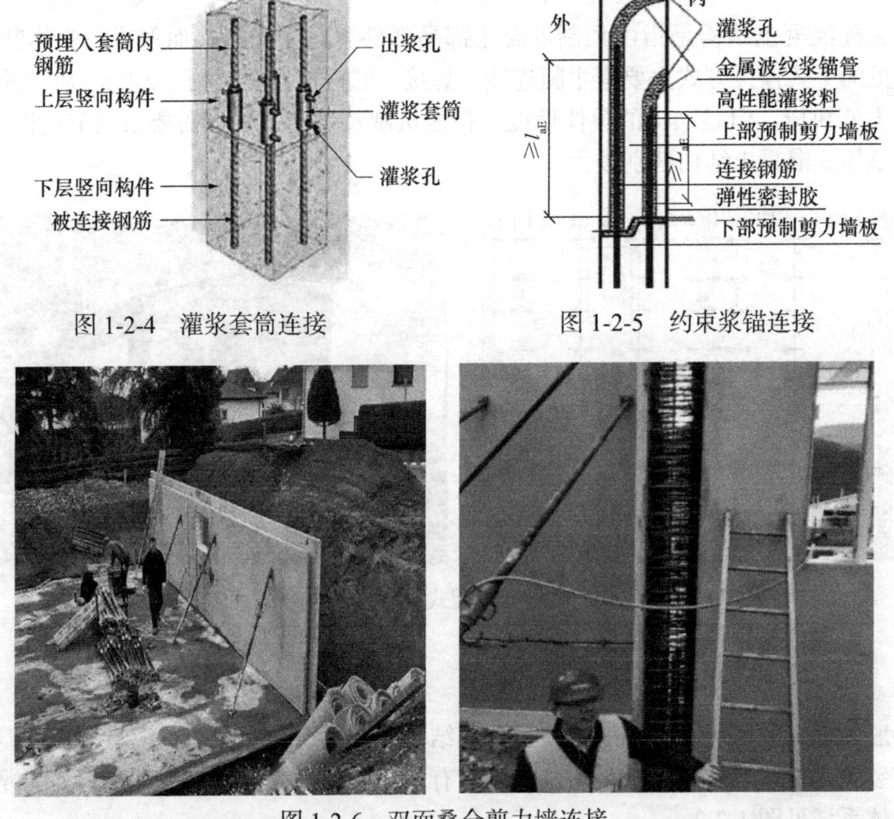

图 1-2-4　灌浆套筒连接

图 1-2-5　约束浆锚连接

图 1-2-6　双面叠合剪力墙连接

各类装配整体式混凝土结构体系的特点及适用建筑类型　　表 1-2-1

结构类型	结构特点	预制构件种类	竖向连接工艺	适用建筑类型	
				适用高度	适用范围
剪力墙结构	无梁柱外露，结构自重大，建筑平面布置局限性大，较难获得大的建筑空间	预制实心剪力墙、预制阳台、预制楼梯、预制叠合板等	灌浆套筒连接、约束浆锚连接	适用于小高层、高层以及超高层建筑	住宅、公寓、宿舍、酒店等
框架结构	平面布置灵活，装配效率高，是最适合进行装配化的结构形式，但其适用高度较低	预制柱、预制梁、预制外挂墙板、预制阳台、预制楼梯等	灌浆套筒连接、约束浆锚连接	适用于低层、多层以及小高层建筑	厂房、仓库、商场、停车场、办公楼、教学楼、医务楼、商务楼以及住宅等
框架 - 剪力墙结构	弥补了框架结构侧向位移大的缺点，又不失框架结构空间布置灵活的优点	预制柱、预制梁、预制实心剪力墙、预制阳台、预制楼梯等	灌浆套筒连接、约束浆锚连接	适用于小高层、高层以及超高层建筑	
框架 - 核心筒结构	比框架结构、剪力墙结构、框架 - 剪力墙结构具有更高的强度和刚度，可适用于更高的建筑	预制柱、预制梁、预制实心剪力墙、预制阳台、预制楼梯等	灌浆套筒连接、约束浆锚连接	适用于高层以及超高层建筑	厂房、仓库、商场、停车场、办公楼、教学楼、医务楼、商务楼以及住宅等

3. 钢筋连接方式

（1）搭接连接

传统的钢筋连接方法是搭接连接，将两根钢筋以一定长度搭靠在一起，并用细铁丝间隔捆扎（将两根钢筋甚至多根钢筋连接在一起），当接头被混凝土浇筑包裹后，就可以借助其锚固的混凝土以及相邻的钢筋，通过摩擦、机械咬合等实现传力，如图 1-2-7 所示。

1）搭接连接的优点：操作简单，连接方便。

2）不足：钢筋搭接长度长，用钢量很大，成本高。对于钢筋密集区域，钢筋搭接会增加混凝土浇筑难度，造成局部混凝土的密实度不足，大直径钢筋的搭接部位在受力时容易在钢筋端头产生裂纹，如图 1-2-8 所示。

3）《混凝土结构设计规范》GB 50010—2010 规定：

① 当受拉钢筋直径＞ 25mm、受压钢筋直径＞ 28mm 时，不宜采用绑扎搭接接头。

② 轴心受拉及小偏心受拉杆件（如桁架和拱架的拉杆等）的纵向受力钢筋不得采用绑扎搭接接头。

③ 需要进行疲劳验算的构件，其纵向受拉钢筋不得采用绑扎搭接连接。

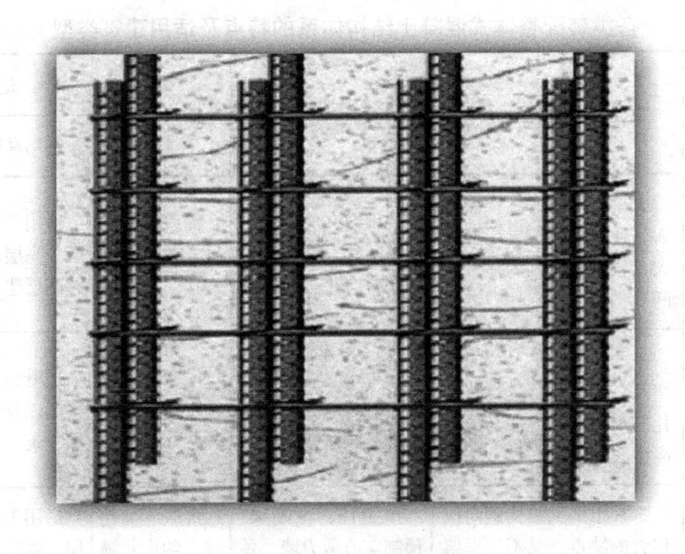
图 1-2-7　搭接图片

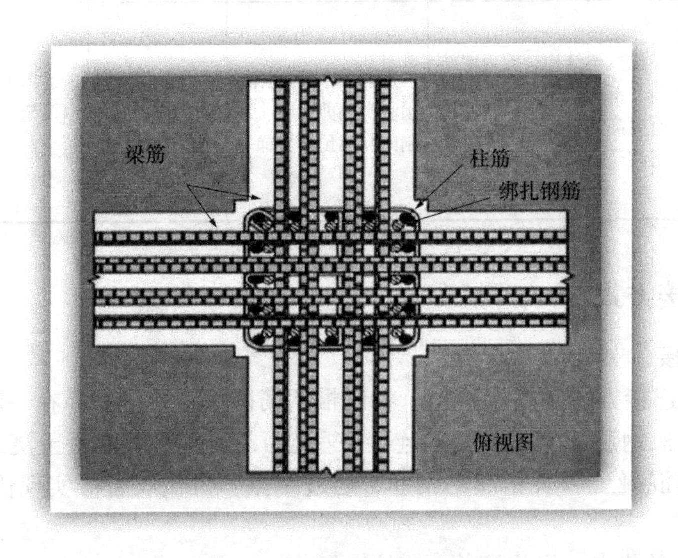

图 1-2-8　钢筋较密的情况

（2）钢筋焊接连接

钢筋焊接连接方法很多，现行行业标准《钢筋焊接及验收规程》JGJ 18 中列有：电弧焊、闪光对焊、气压焊、电渣压力焊等。

1）电弧焊

电弧焊，是指以电弧作为热源，利用空气放电的物理现象，将电能转换为焊接所需的热能和机械能，从而达到连接金属的目的。主要方法有焊条电弧焊、埋弧焊、气体保护焊等，它是应用最广泛、最重要的熔焊方法，占焊接生产总量的 60% 以上，如图 1-2-9 所示。

2）闪光对焊

闪光对焊设备体积大、重量重，只能在现场专门区域进行钢筋连接生产。闪光对焊连接的优点是：连接质量高，生产效率高，如采用自动焊设备，则可以连接任何直径和强度钢筋；缺点是：连接的钢筋受场地限制不可能无限接长。如图 1-2-10 所示。

图 1-2-9　电弧焊

图 1-2-10　闪光对焊

3）气压焊

用氧气、乙炔火焰加热钢筋接头，温度达到塑性状态时施加压力，使钢筋接头压接在一起的工艺就是气压焊。气压焊机现阶段主要用在建筑螺纹钢筋的焊接和火车铁轨的焊接，如图 1-2-11 所示。

图 1-2-11　气压焊

4）电渣压力焊

电渣压力焊：是将两根钢筋安放成竖向或斜向（倾斜度在 4∶1 的范围内）对接形式，利用焊接电流通过两根钢筋间隙，在焊剂层下形成电弧过程和电渣过程，产生电弧热和电阻热，熔化钢筋，加压完成的一种压焊方法。简单地说，就是利用电流通过液体熔渣所产生的电阻热进行焊接的一种熔焊方法。但与电弧焊相比，它工效高、成本低，我国在一些高层建筑施工中已取得很好的效果。根据使用的电极形状，可分为丝极电渣焊、板极电渣焊、熔嘴电渣焊等。电渣焊适用于厚板的焊接。在锅炉、重型机械、造船工业中应用较多，如图 1-2-12 所示。

电弧焊、气压焊、电渣压力焊均可以在现场连接钢筋，且电渣压力焊主要用于竖向连

图 1-2-12 电渣压力焊

接。优点是现场连接作业比较方便，可以连接任何可焊性符合要求的钢筋；缺点是焊接作业需受过专业培训的专业焊工，生产效率低，人工成本高，并且现场需配备大功率供电设备，焊接设备难以大批投入并且同时开展工作，而对机械性能受焊热输入影响大的钢筋也不适合采用，大直径钢筋焊接接头合格率较低，受环境条件影响大，接头检验抽样率高。根据《混凝土结构设计规范》GB 50010—2010 规定，以下两种情况不宜采用钢筋焊接的方式：

① 需要进行疲劳验算的构件，其纵向受拉钢筋不宜采用焊接接头。

② 余热处理钢筋不宜焊接。

（3）钢筋机械连接方法

钢筋机械连接方法在国外的应用非常广泛，连接形式也是多种多样。钢筋机械连接在国家行业标准定义为：通过钢筋与连接件或其他介入材料的机械咬合作用或钢筋断面的承压作用，将一根钢筋中的力传递至另一根钢筋的连接方法。主要的连接方法有：套筒挤压连接、锥螺纹套筒连接、墩粗直螺纹连接、滚轧直螺纹连接，熔融金属充填连接、套筒灌浆连接（图 1-2-13～图 1-2-15）。

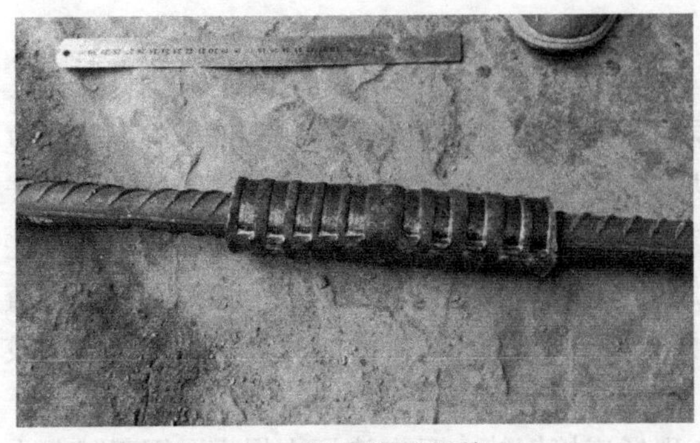

图 1-2-13 钢筋挤压连接

图 1-2-14 螺纹套筒连接

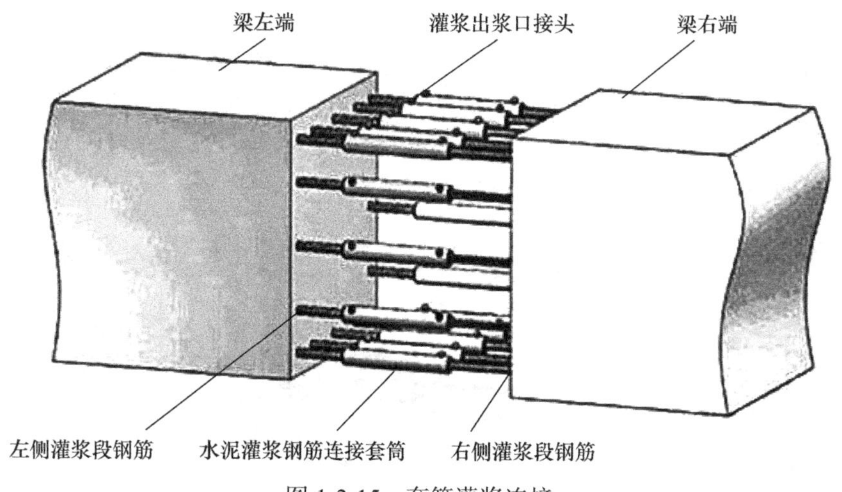

图 1-2-15　套筒灌浆连接

机械连接具有节约钢筋、接头性能可靠、技术易于掌握、工作效率高、改善工作环境等优点。目前最常见、采用最多的方式是钢筋剥肋滚压直螺纹套筒连接（即将钢筋头部车丝后用直螺纹套筒连接）。其通常适用的钢筋级别为 HRB335、HRB400、RRB400；适用的钢筋直径范围通常为 16～50mm。

4. 常见预制构件类型

（1）预制叠合板

叠合板主要分为普通钢筋桁架混凝土叠合板和预应力混凝土叠合楼板，其中，普通钢筋桁架混凝土叠合板，因结构形式简单、生产工艺成熟被广泛应用。以下对两种类型的预制叠合板进行介绍。

1）普通钢筋桁架混凝土叠合板

它作为一种水平构件（图 1-2-16），可应用于剪力墙结构及框架结构，其应用十分广泛。预制叠合板深化设计根据原结构设计对结构平面进行拆分，普通钢筋桁架预制叠合板可拆分为单向板和双向板，普通钢筋桁架叠合板结构平面形式简单，厚度一般不得低于 6cm，其刚度和承载力在完成叠合层浇筑前属于半成品或不稳定状态，所以出现裂缝是预制叠合板最常见的质量通病。另外，普通钢筋桁架叠合楼板在实际施工过程中仍需采用搭设脚手架竖向支撑的方式进行安装，与现浇施工方式相比，在安装方式上变化不大。

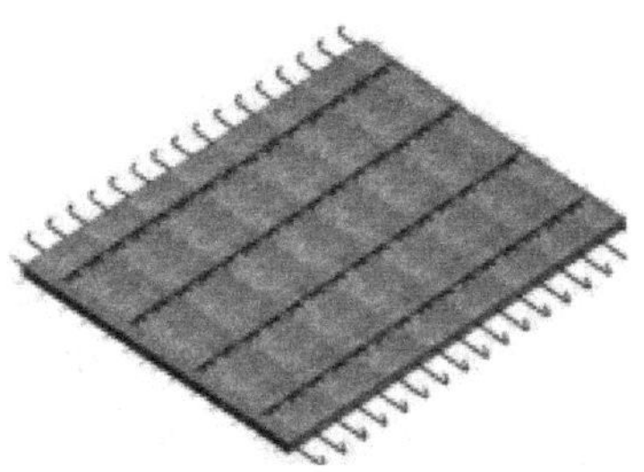

图 1-2-16　普通钢筋桁架混凝土叠合板

2）预应力混凝土叠合板

与普通钢筋桁架混凝土叠合板相比，预应力混凝土叠合板在整体结构受力上相似，但在钢材的用量、混凝土的消耗以及施工支撑上，都有明显地减少，因此，生产及使用成本低。但预应力混凝土叠合板，在推广使用上还存在一些瓶颈，尚需在材料及生产工艺上进行改进，提高其施工的可靠性。如图 1-2-17 所示。

图 1-2-17　预应力混凝土叠合板

（2）预制墙板

预制墙板主要分为预制内墙板、预制外墙板、预制轻质隔墙板、预制外挂墙板等，其中预制外墙板一般为夹芯保温墙板，生产工艺略显复杂，以下对预制内墙板、预制外墙板，以及预制轻质隔墙板进行简单的介绍。

1）预制内墙板

预制内墙板通常用于剪力墙结构（如图 1-2-18 所示），根据《装配式混凝土建筑技术标准》GB/T 51231—2016 的相关规定，在水平力作用下，当预制剪力墙构件底部承担的总剪力大于该层总剪力的 50% 时，其最大适应高度应降低，高度不得超过 100m，因此，相比现浇结构，装配整体式剪力墙结构的高度在一定程度上受到限制。预制内墙板在实际施工过程中，横向节点采用支模现浇方式进行，纵向连接一般采用灌浆套筒连接，或者浆锚连接的方式。

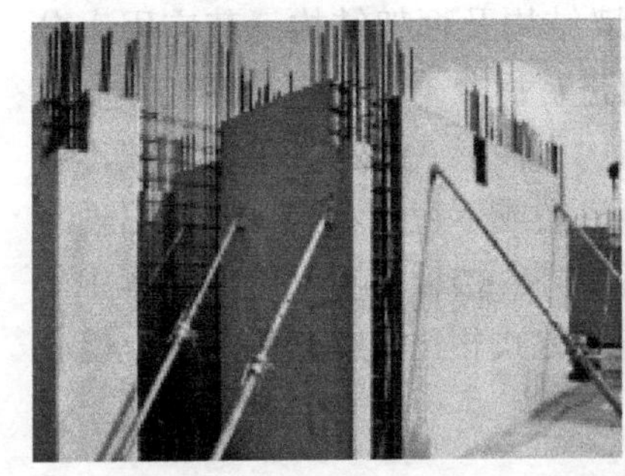
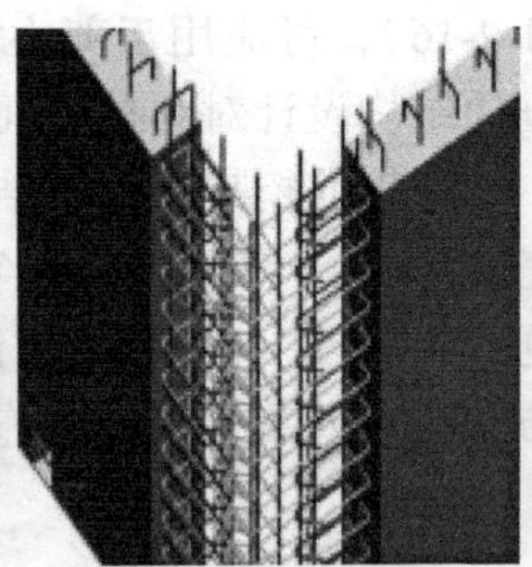

图 1-2-18　预制内墙板

2）预制外墙板

预制外墙板通常集保温于一体，在业内被称为“三明治”外墙板。“三明治”外墙板的生产工艺较为复杂，与预制内墙板类似，预制外墙板在实际的施工过程中，横向节点连接通常采用后浇的方式，纵向连接主要采用灌浆套筒连接或者浆锚搭接。另外，预制夹芯外墙板在拼缝处理上要求较高，处理不当则可能出现外墙板渗漏的质量问题。目前，预制外墙板的拼缝通常采用构造防水或者防水封堵材料处理。如图 1-2-19 所示。

图 1-2-19　预制外墙板

3）预制轻质隔墙板

预制轻质隔墙板（图 1-2-20）的种类较多，轻质墙板是建筑用轻质隔墙条板的简称，指采用轻质材料或轻型构造制作，两侧设有榫头、榫槽及接缝槽，密度不大于标准规定值（90 板≤ $90kg/m^2$、120 板≤ $110kg/m^2$）。用于工业与民用建筑的非承重内隔墙的预制条板，所使用的原材料应符合《建筑隔墙用轻质条板通用技术要求》JG/T 169—2016 标准。主要包括：GRC 隔墙板、轻质复合夹芯条板（FPB）、轻质实心墙板（SPB）、轻质空心墙板（KPB）、陶粒空心条板、蒸压加气混凝土板（ALC 板）等。目前，ALC 板应用最为广泛，主要用于内隔墙，在部分项目中也被用作外挂墙板。

图 1-2-20　预制轻质隔墙板

（3）预制梁、柱

1）预制叠合梁

预制混凝土叠合梁（图 1-2-21）主要应用于装配整体式框架结构，预制叠合梁的横截面一般为矩形或 T 形，当楼盖结构为预制板装配式楼盖时，为减少结构所占的高度，增加建筑净空，框架梁截面常为十字形或花篮形，在装配整体式框架结构中，常将预制梁做成 T 形截面，在预制板安装就位后，再现浇部分混凝土。

图 1-2-21　预制混凝土叠合梁

2）预制柱

预制柱（图 1-2-22）主要应用于装配整体式框架结构，竖向采用灌浆套筒灌浆连接，通常与叠合板、叠合梁组合使用，节点处采取现浇混凝土的方式，预制柱作为承重构件，须严格按照图纸要求进行生产。

图 1-2-22 预制柱

（4）预制异形构件

装配式建筑用预制异形构件，相较于“一”字形构件，其外观不规则；异型构件的生产工艺更为复杂，对生产流水节拍的控制难度较大，常见的预制异形构件主要包括预制阳台、预制凸窗、预制空调板等。

1）预制阳台

目前，预制阳台在异形构件中使用频次较高，主要为全预制阳台，在部分项目中，也出现了部分叠合阳台（半预制），见图 1-2-23。全预制阳台表面的平整度可以和模具的表面一样平或者做成凹陷，地面坡度和排水口也在工厂预制完成。传统阳台结构一般为：挑梁式或挑板式现浇钢筋混凝土结构，现场工作量大，且工期长。采用预制生产方式更好地完成阳台所需功能属性，可以简单、快速地实现阳台的造型艺术，大大降低了现场施工作业的难度，减少了不必要的作业量。

图 1-2-23 预制阳台

2）预制凸窗

预制凸窗也被称为飘窗（图 1-2-24），凸出在建筑墙面之外的一种外窗，可起到扩展室内空间、开阔视野、丰富建筑立面的作用。在传统的施工中，飘窗构件主要采用现浇做法，劳动强度高、周期长，构件重量大，对建筑基础承重要求高，不利于降低建筑的建造成本。目前，预制凸窗能够将窗户集成，避免在后期窗户塞缝、抹灰的过程中，出现空鼓、开裂等现象，在装配式建筑项目中得到了广泛应用，要注意在生产过程中对成品窗户的保护，以及窗户在构件内的垂直度需要满足相关要求。

图 1-2-24　预制凸窗

1.3　装配式建筑标准、规程、图集

1. 装配式建筑标准

（1）装配式混凝土建筑技术标准

2016 年，《中共中央国务院关于进一步加强城市规划建设管理工作的若干意见》、国务院办公厅《关于大力发展装配式建筑的指导意见》明确提出发展装配式建筑，装配式建筑进入快速发展阶段。但我国装配式建筑应用规模小，技术集成度较低，亟须一本标准来规范装配式混凝土建筑的建设。《装配式混凝土建筑技术标准》GB/T 51231—2016 的发布，按照适用、经济、安全、绿色、美观的要求，为全面提高装配式混凝土建筑的环境效益、社会效益和经济效益奠定了良好的基础。

（2）装配式建筑评价标准

《装配式建筑评价标准》GB/T 51129—2017 是在开展了广泛的调查研究，认真总结了原《工业化建筑评价标准》GB/T 51129—2015 的实施情况和实践经验，参考有关国家标准和国外先进标准相关内容，开展了多项专题研究，并在广泛征求意见的基础上，进行编制的。

旨在促进装配式建筑发展，规范装配式建筑评价，适用于评价民用建筑的装配化程度。本标准采用装配率评价建筑的装配化程度。装配式建筑评价除应符合本标准外，尚应符合国家现行有关标准的规定。

装配式建筑评价等级应划分为 A 级、AA 级、AAA 级：

① 装配率为 60%～75% 时，评价为 A 级装配式建筑；

② 装配率为 76%～90% 时，评价为 AA 级装配式建筑；

③ 装配率为 91% 及以上时，评价为 AAA 级装配式建筑。

2. 装配式建筑规程

（1）装配式混凝土结构技术规程

《装配式混凝土结构技术规程》JGJ 1—2014，是根据建设部《关于印发〈二○○二～二○○三年度工程建设城建、建工行业标准制订、修订计划〉的通知》（建标［2003］104号）的要求，经过广泛调查研究，认真总结实践经验，参考有关国际标准和国外先进标准，并在广泛征求意见的基础上，修订了原《装配式大板居住建筑设计和施工规程》JGJ 1—91。之后，编制完成并发布。

本规程主要技术内容是：总则，术语和符号，基本规定，材料，建筑设计，结构设计基本规定，框架结构设计，剪力墙结构设计，多层剪力墙结构设计，外挂墙板设计，构件制作与运输，结构施工，工程验收。

为在装配式混凝土结构的设计、施工及验收中，贯彻执行国家的技术经济政策，做到安全适用、技术先进、经济合理、确保质量，制定本规程。

（2）预制预应力混凝土装配整体式框架结构技术规程

《预制预应力混凝土装配整体式框架结构技术规程》JGJ 224—2010是根据住房和城乡建设部《关于印发〈2008年工程建设标准规范制订、修订计划（第一批）〉的通知》（建标［2008］102号）的要求，规程编制组经广泛调查研究，认真总结实践经验，参考有关国际标准和国外先进标准，并在广泛征求意见的基础上进行编制，规程由住房和城乡建设部负责管理和对强制性条文的解释，由南京大地建设集团有限责任公司负责具体技术内容的解释。

（3）钢筋套筒灌浆连接应用技术规程

《钢筋套筒灌浆连接应用技术规程》JGJ 355—2015主要为规范混凝土结构工程中钢筋套筒灌浆连接技术的应用，做到安全适用、经济合理、技术先进、确保质量，主要适用于非抗震设计及抗震设防烈度不大于8度地区的混凝土结构房屋与一般构筑物中钢筋套筒灌浆连接的设计、施工及验收。

3. 装配式混凝土建筑图集

与装配式混凝土建筑相关的图集主要有《装配式混凝土结构连接节点构造》15G310—1（包括楼盖和楼梯）、《预制混凝土剪力墙外墙板》15G365—1、《预制混凝土剪力墙内墙板》15G365—2、《预制钢筋混凝土阳台板、空调板及女儿墙》15G368—1、《桁架钢筋混凝土叠合板》15G366—1、《预制钢筋混凝土板式楼梯》15G367—1。装配式混凝土建筑相关图集如图1-3-1所示。

图 1-3-1　装配式混凝土建筑相关图集

1.4 装配整体式混凝土建筑吊装施工工艺流程

装配整体式混凝土构件的吊装作业，在整个装配式建筑施工过程中，主要包括混凝土构件起吊、就位、调整等工作，以实现装配整体式混凝土构件的临时就位，本书重点介绍了装配整体式混凝土构件吊装施工，具体包括设备工具的选型、人员材料的准备、技术方案的准备、各类型构件的施工工艺流程等内容。

1. 装配整体式混凝土框架结构施工流程

装配整体式混凝土框架结构吊装施工工艺流程见图 1-4-1。

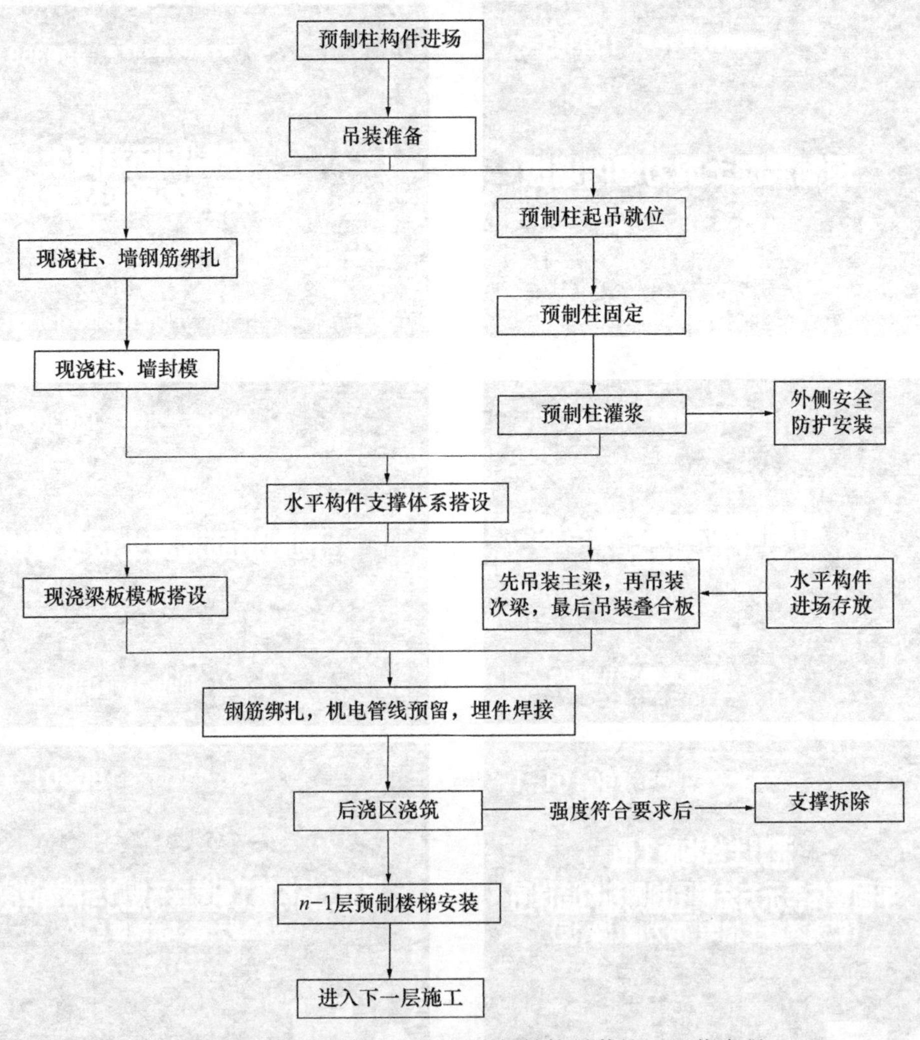

图 1-4-1　装配整体式混凝土框架结构吊装施工工艺流程

2. 装配整体式混凝土剪力墙结构施工流程

装配整体式混凝土剪力墙结构吊装施工工艺流程见图 1-4-2。

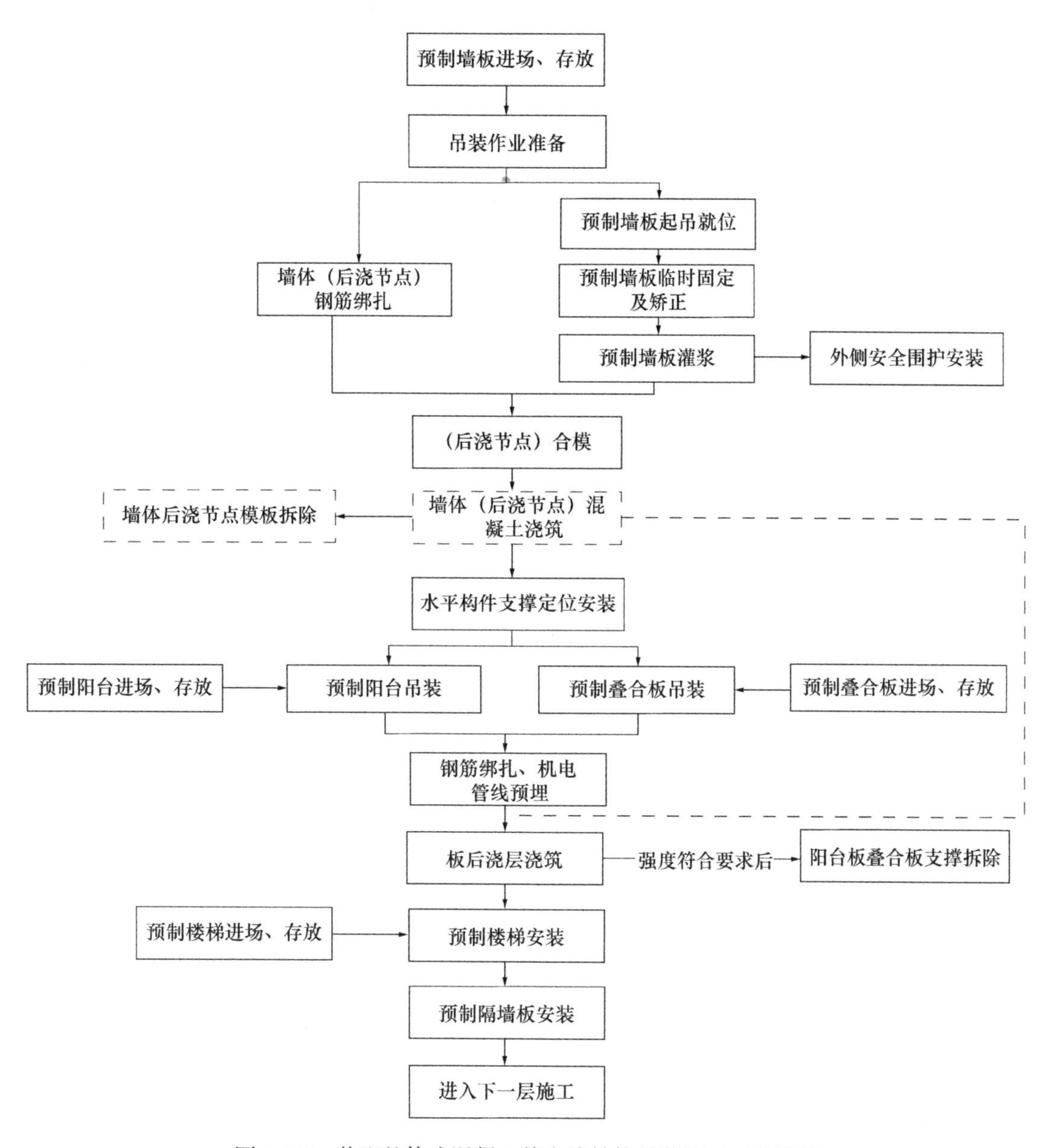

图 1-4-2　装配整体式混凝土剪力墙结构吊装施工工艺流程

注：1. 装配整体式混凝土剪力墙结构的水平叠合板后浇层和竖向墙体后浇节点可一次浇筑，也可分两次浇筑，上图中虚线部位施工环节，在水平和竖向一次浇筑时，调整到与“叠合板后浇层浇筑”同一位置。

2. 预制叠合板后浇层和竖向墙体后浇节点分两次浇筑，可以加快竖向模板的周转，减少模板投入；预制叠合板后浇层和竖向墙体后浇节点一次浇筑，整体性好。

练习与思考

一、填空题

1. 装配式建筑是“结构系统、________、内装系统、__________的主要部分采用预制部品部件集成的建筑。”

2. 装配整体式混凝土建筑中常用的两种结构形式分别是________和________。

3. 装配整体式剪力墙结构施工工艺中，__________后浇层和竖向墙体后浇节点一次浇筑，整体性好。

4. 钢筋焊接连接方法很多，现行行业标准《钢筋焊接验收规程》JGJ 18 中列有：__________、__________、__________、__________等。

5. 套筒灌浆连接可以分为__________和半套筒灌浆连接。

6. 半套筒灌浆是指使用半灌浆套筒，一端通过专用灌浆料连接钢筋，另一端通过__________连接钢筋。

7. 水平构件包括预制桁架叠合单（双）向板、预制阳台板、__________、__________。

二、选择题

1. 装配整体式混凝土剪力墙结构不包括以下哪个特点（　　）。

A. 无梁柱外露　　B. 结构自重大

C. 平面格局受限　　D. 空间大

2. 下列连接方式中不属于干式连接的是（　　）。

A. 灌浆连接　　B. 牛腿连接

C. 焊接　　D. 螺栓连接

3. 装配整体式混凝土结构竖向连接常用的方式主要有套筒连接和（　　）。

A. 浆锚连接　　B. 焊接

C. 螺栓连接　　D. 套筒挤压连接

4. 以下哪项不是装配整体式混凝土框架结构常用的预制混凝土构件（　　）。

A. 预制叠合板　　B. 预制柱

C. 预制外墙板　　D. 预制剪力墙板

5. 普通钢筋桁架叠合板结构平面形式简单，厚度一般不得低于（　　）。

A. 4cm　　B. 5cm

C. 6cm　　D. 7cm

6. 基于 BIM 技术的产业链的信息化管理，可实现多维度的一体化管理，不包括以下哪个维度（　　）。

A. 设计　　B. 生产

C. 施工　　D. 拆除

7. 以下选项中不属于装配整体式混凝土剪力墙结构的是（　　）。

A. NPC 体系　　B. 世构体系

C. 内浇外挂体系　　D. 多层剪力墙

8. 2017 年 2 月国务院办公厅发布的《关于促进建筑业持续健康发展的意见》中指出，力争用 10 年左右的时间让装配式建筑占新建建筑的比例达到（　　）。

A. 10%　　B. 20%

C. 30%　　D. 40%

9. 装配整体式混凝土剪力墙结构适用于众多类型的建筑，除了以下哪一类建筑(　　)。

A. 住宅　　B. 公寓

C. 宿舍　　D. 厂房

10. 采用预应力高强钢筋及高强混凝土，可降低梁、板结构高度，减小建筑物自重；且梁、板含钢量也可降低（　　）。

A. 10%～20%　　B. 20%～30%

C. 30%～40%　　D. 40%～50%

三、简答题

1. 什么是装配式建筑？什么是装配整体式建筑？

2. 装配式建筑具有哪些优势？

3. 常见的装配式建筑结构体系主要有哪些？

4. 装配式建筑的竖向连接方式主要有哪些？目前最常用的是哪一种连接方式？

5. 装配式建筑常见的构件类型有哪些？装配整体式框架结构常用的构件主要有哪几种？

第 2 章　吊装设备选型与吊具选择

2.1　起重设备的分类

在预制构件的吊装施工过程中，吊装设备的选型至关重要。如何在确保经济合理性的前提下，选择适合工程项目的吊装设备，是项目施工前要重点考虑的问题，以下主要从起重设备的分类、吊装设备的选型两个方面进行介绍。

1. 塔式起重机

塔式起重机简称塔机，俗称塔吊，见图 2-1-1，是指动臂装在高耸塔身上部的旋转起重机。塔式起重机作业空间大，主要用于房屋建筑施工中物料的垂直和水平输送及建筑构件的安装，在装配式混凝土结构施工中，用于预制构件及材料的装卸与吊装。塔式起重机由金属结构、工作机构和电气系统三部分组成。金属结构包括塔身、动臂和底座等。工作机构有起升、变幅、回转和行走四部分。电气系统包括电动机、控制器、配电柜、连接线路、信号及照明装置等。施工过程中，应规范塔式起重机械的安拆、使用、维护保养，防止和杜绝由塔式起重机引发的生产安全事故，保障人身及财产安全。塔式起重机的安全管理应遵守国家标准《塔式起重机安全规程》GB 5144，以及其他相关地方标准的规定。

图 2-1-1　塔式起重机

以下介绍塔式起重机优（缺）点：

（1）优点

1）具有一机多用的机型（如移动式、固定式、附着式等），能适应施工的不同需要。

2）附着后升起高度可达 100m 以上。

3）有效作业幅度可达全幅度的 80%。

4）可以载荷行走并就位。

5）动力为电动机，可靠性、维修性都好，运行费用极低。

（2）缺点

1）机体庞大，除轻型外，需要解体，拆装费时、费力。

2）转移费用高，使用期短、不经济。

3）高空作业，安全要求高。

4）需要构筑基础。

（3）适用范围

1）高层、超高层的民用建筑施工。

2）重工业厂房施工，如电站主厂房结构和设备吊装、高炉设备吊装等。

3）内爬式适用于施工现场狭窄的环境。构造简单，维修保养简单。

传统建筑施工以湿法现浇为主，塔式起重机主要吊装可自由组合重量的钢筋、水泥、砖等各种散货，单次吊装的起重量可以组合得较小，故目前传统建筑市场使用的塔式起重机以 TC5610、TC6015 等机型为主。但在装配式混凝土结构下，为达到较高的施工效率，预制柱、预制剪力墙、叠合梁等构件单件质量通常较重。目前预制构件中的预制剪力墙重达 3～5t，叠合梁重达 2～3t，全预制楼梯重达 1.5t 左右，均远大于传统现浇的材料分解重量。

对于塔式起重机选型，应当考虑塔式起重机是否满足起重量要求。应将构件重量标注在平面布置图上，进行吊装重量平面图分析。分析步骤为：首先确定起重设备的吊装半径，然后根据吊装半径在建筑平面图绘制吊装范围半径，通过计算吊装范围内最大构件重量，从而确定塔式起重机的选型，详见图 2-1-2，其平面分析详见图 2-1-3。

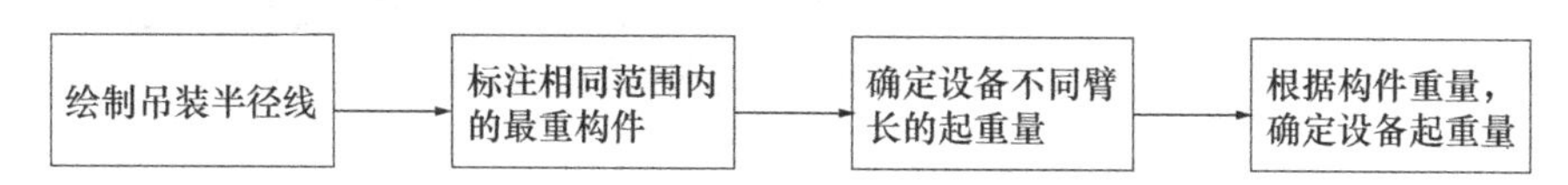

图 2-1-2　起重设备选型步骤

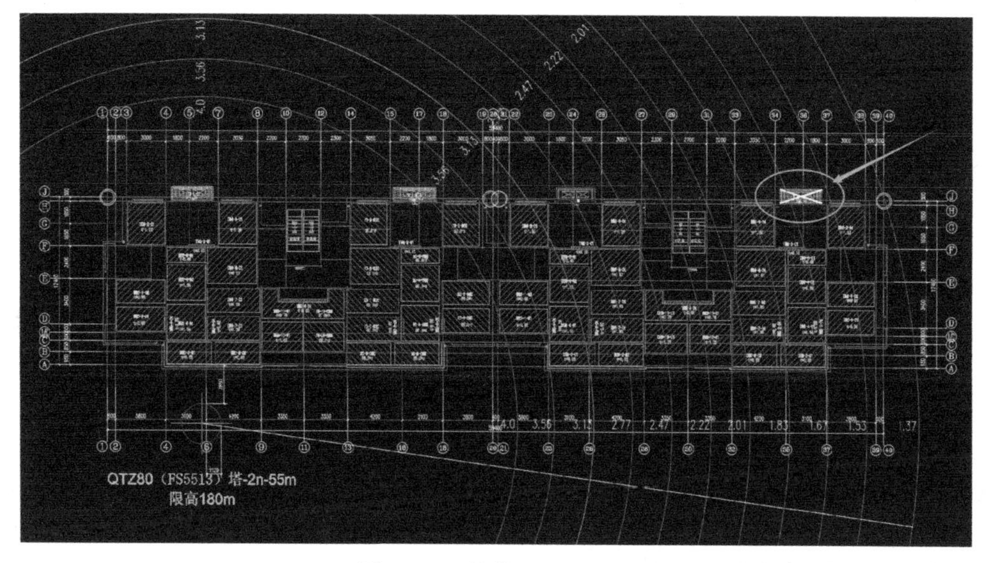

图 2-1-3　吊装重量平面图

2. 自行式起重机

自行式起重机是指自带动力并依靠自身的运行机构沿有轨或无轨通道运行的臂架型起重机。该类起重机分为汽车式起重机、轮胎式起重机、履带式起重机、铁路式起重机和随车式起重机等几种。自行式起重机分上下两部分：上部为起重作业部分，称为上车；下部为支承底盘，称为下车。动力装置采用内燃机，传动方式有机械、液力 - 机械、电力和液压等几种。自行式起重机具有起升、变幅、回转和行走等主要机构，有的还有臂架伸缩机构。臂架有桁架式和箱形两种。有的自行式起重机除采用吊钩外，还可换用抓斗和起重吸盘。表现其起重能力的主要参数是最小幅度时的额定起重量。自行式起重机见图 2-1-4。

图 2-1-4　自行式起重机

（1）主要优点

1）移动方便。主车可以自行移动，桁架起重臂、支腿、配重等部分可以拆分运输，短距离行走时，可以带杆行走，便于转场作业。

2）作业灵活。利用起升、变幅、回转、伸缩和行走机构，可以很灵活地将重物吊装到预定位置。

3）体积较小。通常同样额定起重量的流动式起重机比桅杆式起重机体积要小。

4）准备工作量小。准备工作通常只有组装、行走场地的铺垫和打支腿等工作。

5）工作速度快。液压驱动流动式起重机的各机构运行速度快且稳。

6）吊装高度高。大型流动式起重机的主起重臂和副起重臂接起来可以达到 180 多米高。

7）起吊能力大。目前已知世界上最大流动式起重机的起吊能力达 4000t。

（2）主要缺点

1）稳定性差。有些流动式起重机转盘在不同的回转位置起重量是不同的。另外，流动式起重机起重臂承载时的弹性变形比较大，起吊重物时易前后摆动。

2）行走和作业时对道路场地要求高。由于流动式起重机的轮胎、支腿或履带板面积较小，作业时需要对道路场地进行加固或铺垫。

3）构造复杂。流动式起重机的结构部分、机械部分、电气和仪表部分需要经常由专业人员进行检查、维护保养。

2.2 吊具及工具的选择

预制构件类型多、重量大，形状和重心等千差万别，预制构件的吊点应提前设计好，根据预留吊点选择相应的吊具。无论采用几点吊装，都要始终使吊钩和吊具的连接点的垂线通过被吊构件的重心，这直接关系到吊装的操作安全。为使预制构件吊装稳定，不出现摇摆、倾斜、转动、翻倒等现象，应通过计算合理地选择合适的吊具。

1. 预制柱用吊具

预制柱用吊装吊具分为点式吊具、梁式吊具和特殊吊具。

（1）点式吊具

1）点式吊具是用单根吊索或多根吊索吊装同一预制构件的吊具。

2）柱在装卸车、现场移位、水平吊装起吊翻转、垂直起吊安装时，均可使用点式吊具。

（2）梁式吊具

1）梁式吊具也称一字形吊具或平衡梁式吊具，该吊具是根据拟吊装预制构件重量要求，采用合适型号及长度的型钢（工字钢或槽钢）制作成有多个吊点的专用吊具，其特点为通用型强、安全可靠。

2）如果柱的断面尺寸大且较重（按经验为一般 5t 以上），为避免点式吊具在使用时钢丝绳与柱平面的斜角改变吊钉的受力方向，使吊钉变形或折断而产生安全隐患，可采用短梁式吊具，以保证吊索与柱垂直受力，提高安全系数。

（3）特殊吊具

1）特殊吊具是为特殊形式的柱而量身定做的专用吊具。

2）如果柱结构形式特殊（如异形、长细比大于 30 等）、柱重心偏离、柱端不具备预埋吊点条件等，需要根据其受力特点，针对性地设计满足承载力要求、固定安全可靠、拆装方便的专用吊具。

3）特殊吊具应进行结构设计，进行专门的受力分析和强度、刚度验算，有相应的说明书和作业指导书，作业前需要对操作人员进行培训，禁止使用专用吊具吊装非设计范围内的其他预制构件。

2. 预制墙板用吊具

预制墙板的安装应根据其重量大小、平面形状（一字形或 L 形）、重心位置等，可相应地选用点式吊具、梁式吊具和平面架式吊具。

（1）点式吊具

1）如墙板预埋吊点（预埋螺母）为两组，每组为相邻的两个（一般为相对体积小、重量轻的预制构件），可采用定制双腿吊具。用 8.8 级以上高强螺栓固定在吊点上，再配合点式吊具进行吊装作业。

2）如预埋吊点为吊环式，则可直接用卸扣连接点式吊具进行吊装作业。

(2) 梁式吊具

1) 如预制构件较重或预制构件较长，预埋吊点在三个以上或物件有偏心，则须选用梁式吊具。梁式吊具由专业工厂制作，出厂时合格证上注明的允许荷载必须与梁体上的标注限额一致，使用时不允许超出限重。

2) 吊装时，调整梁式吊具底部悬挂吊索的吊点位置，使其与预制构件连接的吊索垂直，墙板上的预埋吊点或吊环必须全部连接吊索，以保证其受力均匀。

(3) 平面架式吊具

L形外墙板的吊装，一般采用平面架式吊具，以保证所吊装墙板的平衡及稳定性，方便安装。

3. 预制梁用吊具

预制梁根据重量及形状等的不同，吊装时可采用点式吊具或梁式吊具。

(1) 点式吊具

一般重量不超过3t，设计为两个吊点的小型梁，可采用点式吊具吊装。

(2) 梁式吊具

1) 3t以上的梁或三个以上吊点的梁，宜采用梁式吊具进行吊装。

2) 吊装时，调整梁式吊具底部悬挂吊索的吊点位置，使其与预制梁连接的吊索垂直、等长，预制的预埋吊点或吊环必须全部连接吊索，以保证其受力均匀，保证梁在起吊过程中不变形且保证安全。

3) 梁式吊具在满足承载力要求的范围内，可以与墙板或其他一字形预制构件通用。

4. 预制叠合楼板用吊具

预制叠合楼板的特点是面积较大、厚度较薄，一般为60～80mm，所以应采用多点式吊装，可采用平面架式吊具或梁式吊具。平面架式吊具的吊索有下面两种方式：

1) 吊具上设计多个耳环挂设滑轮，使吊索在各个吊点受力均匀。

2) 用等长钢丝绳吊装。

5. 预制楼梯用吊具

预制楼梯吊装可采用点式吊具或平面架式吊具。用两组不同长度的吊索调整楼梯的平衡与高差，也可以使用两个捯链与两根吊索配合，调整高差。

6. 吊索

预制构件安装所用吊索一般为钢丝绳或链条吊索，可根据现场条件及所吊预制构件的特点进行选择。

(1) 钢丝绳

钢丝绳是将力学性能和几何尺寸符合要求的钢丝按照一定的规则捻在一起的螺旋状钢丝束。钢丝束强度高、自重轻、工作平稳，不易骤然整根折断，工作可靠，是预制构件吊装最常用的吊索。

1) 钢丝束的选择

① 钢丝束构造可按 6×19 + 1（表示 6 股，每股 19 根钢丝加 1 股绳芯，下同。）这种方式表示。钢丝绳中钢丝越细（同等直径钢丝数量越多）越不耐磨，但比较柔软，弹性较好；反之越粗越耐磨，但比较硬，不易弯曲。所以应根据用途不同而选用适宜的钢丝绳。吊装中一般选用 6×24 + 1 或 6×37 + 1 两种构造的钢丝绳。

② 钢丝绳的强度等级分为 $1570N/mm^2$、$1670N/mm^2$、$1770N/mm^2$、$1870N/mm^2$、$1960N/mm^2$、$2160N/mm^2$ 等，计算钢丝绳理论破断拉力时，用相应级别系数乘以钢丝绳有效截面积（注意是有效面积的钢丝的累计面积，不是按钢丝绳直径计算的理论截面积），$1670N/mm^2$ 为预制构件安装中较为常用的一种强度等级。

③ 选择钢丝绳时应以检验报告上确认的级别为依据进行选型并计算理论破坏力，钢丝绳允许工作荷载 = 破断拉力 / 安全系数，一般安全系数不小于 5，常用钢丝绳型号及允许工作荷载见表 2-2-1。

常用钢丝绳型号及允许工作荷载　　表 2-2-1

直径（mm）	破断拉力（t）	安全系数	允许荷载（t）
16	13.2	6.6	2
18	16.7	5.6	3
20	20.6	5.2	4
22	24.9	5	5
26	34.8	5	7
30	46.3	5	9

2）钢丝绳的连接方法

① 钢丝绳固定端连接一般为编结法、绳夹固定法、压套法等。

② 预制构件安装在满足承载力条件下，首选铝合金压套法和编结法连接方法。

③不同绳端固定连接方法的安全要求见表 2-2-2。

不同绳端固定连接方法的安全要求　　表 2-2-2

连接方法	安全要求
编结法	编结长度不应小于钢丝绳直径的 1.5 倍，并不得小于 300mm，连接强度不得小于钢丝绳破断拉力的 75%
绳夹固定法	根据钢丝绳的直径决定绳夹数量，绳夹的具体形式、尺寸及布置方法应参照《钢丝绳夹》GB/T 5976—2006，同时保证连接强度不小于钢丝绳破断拉力的 85%
压套法	应用可靠的工艺方法使铝合金套与钢丝绳紧密牢固地贴合，连接强度应达到钢丝绳的破断拉力

3）钢丝绳的报废

① 钢丝绳的报废应参照《起重机钢丝绳保养、维护、检验和报废》GB/T 5972—2016 中的相关标准执行。

② 一般目测如发生多处断丝、绳股断裂、绳径减少、明显锈蚀或变形等现象，此时监理、安全员应判定报废。

（2）链条吊索

1）链条吊索是以金属链环连接而成的吊索，主要有焊接和组装两种形式。

2）材料应选择优质合金钢，特点是耐磨、耐高温、延展性低、受力后不会明显伸长，其使用寿命长，易弯曲，适用于大规模、频繁使用的场合。

3）在使用前，须看清标牌上的工作载荷及使用范围，严禁超载使用，并对链条吊索做目测检查，符合后方可使用。

4）使用过程中通过目测或使用该设备检查中发现有链环焊接开裂或其他有害缺陷、链环直径磨损减少约10%，链条外部长度增加约3%，表面扭曲、严重锈蚀以及积垢等，必须予以更换。

5）常用吊装用链条允许工作荷载见表2-2-3。

常用吊装用链条允许工作荷载 **表2-2-3**

链条型号	每米重量（kg）	破断拉力（t）	安全系数	允许荷载（t）
10×30	2.2	12.5	4	3
12×36	3.1	18.1	4	4.5
14×42	4.1	25	4	6
16×48	5.6	32	4	8
18×54	6.9	41	4	10
20×60	8.6	50	4	12.5
25×75	14.5	78	4	19.5
30×108	18	113	4	28

7. 索具

吊装作业时索具与吊索配套使用。预制构件安装中常用的索具有吊钩、卸扣、普通吊环、旋转吊环、强力环及定制专用索具等。

（1）吊钩

1）吊钩常借助滑轮组等部件悬挂在起升机构的钢丝绳上。

2）吊钩应该有制造厂的合格证等技术文件后方可使用。

3）一般采用羊角形吊钩，使用时不准超过核定承载力范围，使用过程中发现有裂纹、变形或安全锁片损失，必须予以更换。

4）在预制构件安装中大型吊钩（80t以下）通常用于起重设备，小型吊钩一般用于吊装叠合楼板等。

（2）卸扣

1）卸扣是吊点与吊索的连接工具，可用于吊索与梁式吊具或架式吊具的连接，以及吊索与预制构件的连接。

2）卸扣使用时要正确地支撑荷载，其作用力要沿着卸扣的中心轴线，避免弯曲及不稳定的荷载，不准过载使用。卸扣本身不得承受横向弯矩，即作用承载力应在本体平面内。

3）使用中发现有裂纹、明显弯曲变形、横销不能闭锁等现象时，必须立即予以更换。

（3）普通吊环

1）普通吊环包括吊环螺母和吊环螺钉，它是用丝扣方式与预制构件进行连接的一种索具，一般材质为 20 号或 25 号钢。

2）使用吊环不准超出允许受力范围，使用时必须与吊索垂直受力，严禁与吊索一起斜拉起吊。

3）使用中出现变形、裂纹等现象时，必须立即予以更换。

（4）旋转吊环

1）旋转吊环又称为万向吊环或旋转吊环螺栓。

2）旋转吊环的螺栓强度等级主要有 8.8 级和 12.9 级，受力方向分为直拉和侧拉两种，常规直拉吊环允许不大于 30° 方向的吊装，侧拉吊环的吊装不受角度限制，但要考虑因角度产生的承重受力增加比例。

3）在满足承载力的条件下，旋转吊环可直接固定在预制构件的预埋吊点上，再连接吊索进行吊装作业。

（5）强力环

1）强力环又称模锻强力环、兰姆环、锻打强力环，是一种索具配件。其材质主要有 40 铬、20 铬锰钛、35 铬钼，其中 20 铬锰钛比较常用。

2）在预制构件安装中，常用强力环与链条、钢丝绳、双环扣、吊钩等配件组成吊具。

3）使用中强力环扭曲变形超过 10°，表面出现裂纹，本体磨损超过 10% 的，必须予以更换。

（6）定制专用索具

1）根据预制构件结构及受力特点，可针对性设计合理的索具。如直接用于固定在预制构件吊点上的绳索吊钉，用高强螺栓固定在预制构件吊点上的专用索具等。设计的索具必须经过受力分析或破坏性拉断试验，使用时按经验一般取 5 倍以上的安全系数。

2）定制的专用索具在使用时如有发现变形或焊缝开裂等现象，必须予以更换。

练习与思考

一、填空题

1. 预制构件的吊装施工过程中，吊装设备的选型至关重要，如何在确保__________的前提下，选择适合工程项目的吊装设备，是项目施工前需重点考虑的。

2. 塔式起重机作业空间大，主要用于房屋建筑施工中物料的________和________输送及建筑构件的安装，在装配式混凝土结构施工中，用于预制构件及材料的装卸与吊装。

3. 塔式起重机的安全管理应遵守国家标准__________，以及其他相关地方标准。

4. 捯链分为________和________，________，且具有重量轻、体积小、携带方便、操作简单、能适应各种作业环境等特点。

5. 动力捯链按吊索形式有________和________两种类型。

6. 钢丝绳是将________和________符合要求的钢丝按照一定的规则捻制在一起的螺旋状钢丝束，它由钢丝、绳芯及润滑脂组成。

7. 塔式起重机由________、_________和________三部分组成。

二、选择题

1. 目前已知世界上最大流动式起重机的起吊能力达（　　）。

A. 4000t　　B. 5000t

C. 6000t　　D. 7000t

2. 塔式起重机的工作机构有起升、变幅、回转和（　　）四部分。

A. 连接线路　　B. 行走

C. 控制器　　D. 电动机

3. 在吊装过程中应该重视对卸扣的维护保养工作，下面出现哪一种情况应对卸扣进行报废处理（　　）。

A. 表面污染　　B. 本体扭曲达 5%

C. 表面磨损达 10%　　D. 螺栓生涩

4. 吊装用钢丝绳具有众多的优点，以下哪一项不是钢丝绳具有的优点（　　）。

A. 工作平稳　　B. 自重轻

C. 强度高　　D. 硬度大

5. 无论采用几点吊装，都要始终使吊钩和吊具的连接点的垂线通过被吊构件的（　　），这直接关系到吊装的操作安全。

A. 中心　　B. 重心

C. 中间　　D. 埋件位置

6. 自行式起重机械的主要缺点不包括哪一项（　　）。

A. 稳定性差　　B. 场地要求高

C. 不够灵活　　D. 构造复杂

7. 下面哪一项不是常用的吊具（　　）。

A. 吊环　　B. 吊钩

C. 钢丝绳　　D. 螺纹套筒

8. 自行式起重机的主要优点不包括下面哪一项（　　）。

A. 移动方便　　B. 体积较小

C. 场地要求低　　D. 吊装高度高

9. 预制构件吊装所用的工具不包括下面哪一项（　　）。

A. 电动扳手　　B. 螺丝刀

C. 开口扳手　　D. 丝锥

10. 施工现场在进行塔式起重机的选型时应重点关注下面哪些环节（　　）。

A. 起吊半径　　B. 起吊高度

C. 构件重量　　D. 现场道路

三、简答题

1. 请简述起重设备选型的步骤。
2. 塔式起重机有哪些优点和缺点？
3. 自行式起重机有哪些优点和缺点？
4. 简述钢丝绳的报废标准。
5. 简述卸扣的使用注意事项与报废标准。

第 3 章　预制构件运输和堆放

本章主要介绍预制构件的运输及检验内容，主要包括预制构件的运输线路、运输方式及运输过程中的成品保护。另外，对预制构件进场检查的内容，以及预制构件的现场堆放要点进行了重点介绍。

3.1　预制构件运输

1. 运输线路的选择

预制构件往往是在远离施工现场的构件工厂进行生产，然后运至现场进行安装。其中，涉及预制构件的运输问题，即如何选定运输工具和确定其运输方式，确保预制构件运输质量和运输安全（图 3-1-1 和图 3-1-2）。

运输线路须事先与货车驾驶员共同勘察，有没有过街桥梁、隧道、电线等对高度的限制，有没有大车无法转弯的急弯或限制重量的桥梁等（图 3-1-3）。

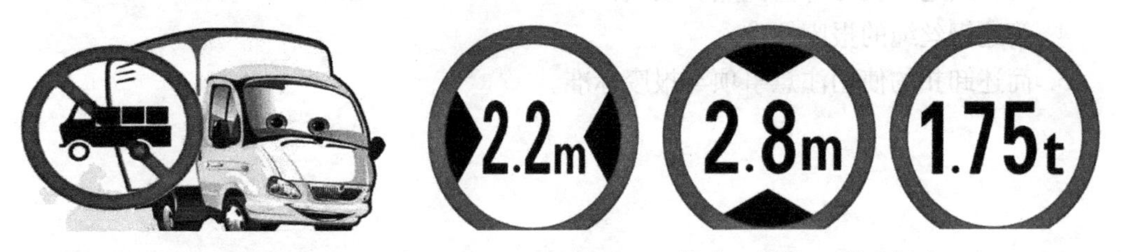

图 3-1-1　限行标志图

图 3-1-3　限宽、限高、限重标志

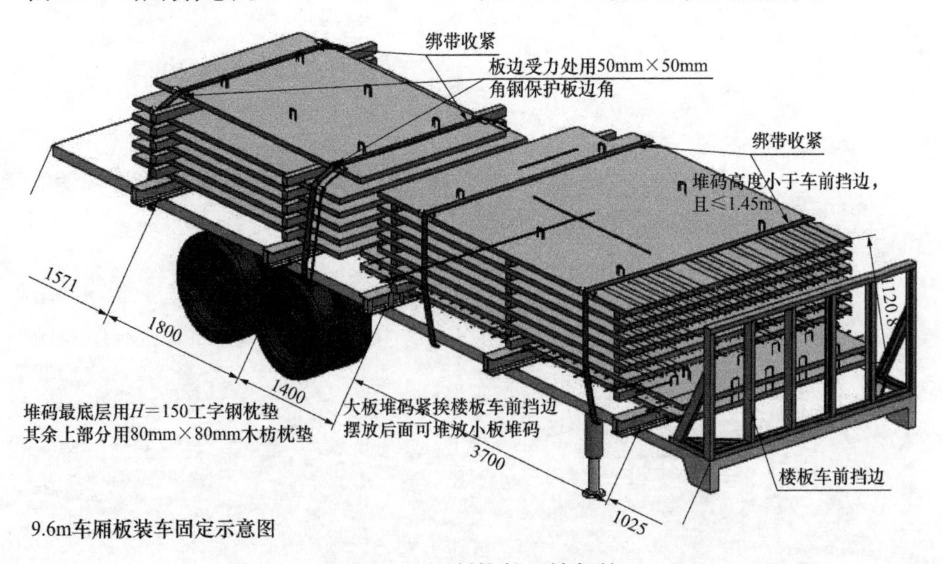

图 3-1-2　预制构件运输保护

2. 运输方式

针对预制构件体积大、重量大、易损坏的特点，采取以下方法在运输途中对预制构件进行保护：

（1）运输工具的选择

为了防止预制构件在运输过程中发生裂缝、破损和变形等现象，应根据预制构件的类型选择合适的运输车辆和运输货架。当采用重型、中型载货汽车以及半挂车装载预制构件时，高度从地面起不得超过 4m。预制构件竖放运输宜选用低平板车（图 3-1-4）或预制构件专用运输车，可使预制构件上限高度低于限高高度。

图 3-1-4 低平板车

（2）装车方式的选择

预制梁、柱通常采用平放装车的方式运输（图 3-1-5），装车难度相对较低，但也要采取相应措施防止在运输过程中发生预制构件位移或散落等现象。要根据预制构件外形及重心决定垫木的放置位置，防止预制构件在运输过程中产生裂缝。

图 3-1-5 预制梁运输

预制墙板装车时应采用竖直或侧立靠放运送的方式，运输车上应配备专用运输架，并固定牢固。同一运输架上的两块板应采用背靠背的形式竖直立放，上部用螺栓互相连接，两边用斜拉钢丝绳固定（图 3-1-6 和图 3-1-7）。

预制叠合板应采用平放运输（图 3-1-7）。当预制叠合板长度小于 4m 时，每块叠合板用 4 块木块作为搁支点，木块尺寸要统一；当预制叠合板长度超过 4m 时，预制叠合板应设置6块木块作为搁支点（板中应比一般板块多设置2个搁支点，防止预制叠合板中间部位产生较大的挠度），叠合板的叠放应尽量保持水平，叠放数量不宜多于6块，并且应用保险带扣牢。

图3-1-6 预制墙板运输

图3-1-7 预制叠合板运输

其他预制构件包括预制楼梯（图3-1-8）、预制阳台以及各种半预制构件等。因为各种预制构件的形状和配筋各不相同，所以要分别采用不同的装车方式。选择装车方式时，要注意运输安全，并根据预制构件断面和配筋方式采取不同的措施，防止运输过程中出现裂缝等现象。另外，还需要考虑搬运至现场后，施工现场的道路硬化等情况，提前选择合适的运输路线。

图3-1-8 预制楼梯运输

预制构件装车和卸货时要小心谨慎。运输台架和车斗之间应放置缓冲材料，长距离或者海上运输时，须对预制构件进行包框处理，防止磕碰造成边角的缺损。运输过程中为了防止预制构件发生摇晃或移动，要用钢丝或夹具对预制构件进行充分固定（图 3-1-9）。要按运输计划中规定的道路行驶，并在运输过程中安全驾驶，防止出现超速或急刹车现象。

图 3-1-9　预制构件运输保护措施

3. 运输过程中的成品保护

（1）预制外墙板保护措施

1）当预制外墙板采用靠放运输时，靠放支架应采用刚度满足要求的槽钢制作，并对称堆放，外饰面朝外，倾斜角度保持在 5°～10°（图 3-1-10）。墙板搁支点应设在墙板底部靠近两端处，堆放场地须平整、结实，搁支点采用柔性材料，堆放好后采取固定措施。

2）预制外墙板在装车出厂前，应确认预制外墙板装车高度应满足运输道路的限高要求。车辆出厂前应对驾驶员进行预制构件运输的安全技术交底，防止在运输过程中因为人为不当操作对构件造成损坏。预制外墙板竖直运输见图 3-1-11。

图 3-1-10　预制外墙板靠放运输

图 3-1-11　预制外墙板竖直运输

3）预制外墙板运输宜采用低跑平板车（图 3-1-12），车辆启动应缓慢，车速均匀，转弯变道时要减速，防止墙板发生倾覆。

图 3-1-12　低跑平板车

（2）预制叠合板保护措施

1）所有运输预制叠合板车辆的前端一定要有车前挡边工装。如无挡边工装，则须进行加焊。

2）运输过程中应注意控制车速，防止出现突发状况使预制叠合板出现滑移，造成损坏或人身伤害。

3）运输车在运输过程中，驾驶员应注意观察路面状况，尽量避免行驶在崎岖路面。

4）在长距离运输过程中，应每隔一段时间对绳索的固定状态以及预制叠合板的装车状态进行检查。

（3）预制楼梯保护措施

1）预制楼梯起运前应仔细观察其装载状态是否牢固，且堆放层数不超过两层。

2）在运输过程中，应选择坚实平整的路面，防止颠簸造成预制楼梯损坏。

3）在运输过程中，注意控制车速、保持与前车距离，防止发生安全事故。

4）预制楼梯的运输见图 3-1-13。

图 3-1-13　预制楼梯的运输

3.2　预制构件的现场堆放

1. 堆场区域布置原则

（1）在起重设备有效起重区域内，重量较大的预制构件宜堆放在离塔式起重机近的位置。

（2）尽可能远离施工现场主要人流通道。

（3）堆场距离塔式起重机基坑洞口至少 2～3m，同时在基坑洞口四周设置安全围护，并设置安全指示牌。

（4）不得占用施工现场消防应急救援场地。

（5）堆垛位置宜在塔式起重机司机视野范围内，确保预制构件起吊方便。

（6）在进行现场堆放时，应考虑后期施工方便，尽可能避免二次转运。

（7）在卸放、吊装工作范围内，不得有障碍物，并应考虑吊装时的起吊、翻转等动作的操作空间。

（8）在进行场地选择时，应尽量避免其不受其他工序施工作业的影响。

（9）构件布置堆场紧凑合理，尽量减少堆场用地，提高现场堆场的利用率。

2. 预制构件堆放具体要求

（1）预制混凝土构件的现场堆放应指定专用堆场。当预制混凝土构件运输至现场后，须及时利用塔式起重机吊运至指定专用堆场，按品种、规格、吊装顺序分别堆放。构件堆垛宜设置在吊装机械工作范围内并避开人行通道。另外，堆场中预制构件堆放以吊装次序为原则，并对进场的每块板按吊装次序编号。

（2）堆放场地应平整坚实，地面有硬化措施，并有排水设施，应尽量靠近道路。如果构件堆放在地库顶板上，则需要对地库顶板做加固措施。构件吊装区域有围栏封闭，并设置醒目的提示标语。预制构件堆场中必须设置合理的工作人员安全通道。预制构件存放时，预埋吊件所处位置应避免遮挡，易于起吊。

（3）预制外墙板宜采用堆放架插放或靠放（图 3-2-1 和图 3-2-2），堆放架应具有足够的承载力和刚度，预制外墙板外饰面不宜作为支撑面，对构件薄弱的部位应采取保护措施。预制墙板采用靠放时，用槽钢制作满足刚度要求的三角支架，应对称堆放，外饰面朝外，倾斜度保持在 5°～10°，墙板搁置点应设在墙板底部两端处，搁置点可采用柔性材料。堆放好以后要采取临时固定措施。

（4）预制叠合板、预制柱、预制梁可采用叠放方式。预制叠合板叠放层数不宜大于 6 层，叠放时用 4 块尺寸大小统一的木块衬垫，木块高度必须大于叠合板外露桁架筋的高度，以免上层构件底板与下层叠合板桁架筋发生触碰，导致木质垫块不能发挥作用，造成叠合板出现开裂（图 3-2-3）。

图 3-2-1　预制外墙板插放

图 3-2-2　预制外墙板靠放

图 3-2-3　预制叠合板叠放

预制柱、预制梁叠放层数不宜大于 2 层（图 3-2-4），底层及层间应设置支垫，支垫应平整且应上下对齐，支垫地基应坚实。预制构件堆放超过上述层数时，应对支垫、地基承载力进行验算。

（5）预制阳台、预制楼梯堆放时下面要垫 4 包黄砂或垫木（图 3-2-5），作为高低差调平之用，防止构件倾斜而滑动。预制空调板单块水平放置，方便栏杆焊接施工。预制异形构件堆放应根据施工现场实际情况按施工方案执行。如女儿墙构件不规则，可采取单块水平放置的形式。

图 3-2-4　预制梁堆放

图 3-2-5　预制楼梯堆放

练习与思考

一、填空题

1. 预制混凝土构件进场须附__________及__________。

2. 对于进场构件的质量检查内容包括：预制构件__________、__________、__________、__________。

3. 外墙板采用靠放，墙板搁支点应设在墙板底部两端处，堆放场地需平整、结实，搁支点采用__________，堆放好后采取固定措施。

4. 装车和卸货时要小心谨慎。运输台架和车斗之间要放置__________，长距离或者海上运输时，需对构件进行__________，防止造成边角的缺损。

5. 叠合板应采用__________，每块叠合板用四块木块作为搁支点，木块尺寸要统一，长度超过4m的叠合板应设置六块木块作为搁支点。

6. 预制构件进场时，应重点注意做好__________与实际构件的一致性检查、预制构件在明显部位标明__________、__________、__________和构件生产单位验收标志的检查。

7. 构件不得直接放置于地面上，场地上的构件应作__________措施。

二、选择题

1. 重型、中型载货汽车，半挂车载物，高度从地面起不得超过（　　），载运集装箱的车辆不得超过4.3m。

A. 4m　　B. 3.5m

C. 3m　　D. 2.5m

2. 叠合楼板堆放时叠合板的叠放应尽量保持水平，叠放数量不应多于（　　），并且用保险带扣牢。

A. 10块　　B. 8块

C. 6块　　D. 4块

3. 外墙板采用靠放，用槽钢制作满足刚度要求的支架，并对称堆放，外饰面朝外，倾斜角度保持在（　　）。

A. 0～5°　　B. 5°～10°

C. 10°～15°　　D. 15°～20°

4. 专业企业生产的预制构件进场时，应进行预制构件结构性能检验，预制构件不超过（　　）为一批，每批随机抽取1个构件进行结构性能检验。

A. 500个　　B. 1000个

C. 1500个　　D. 2000个

5. 预制柱、梁叠放层数不宜大于（　　）层，底层及层间应设置支垫，支垫应平整且应上下对齐，支垫地基应坚实。

A. 8层　　B. 6层

C. 4层　　D. 2层

6. 预制构件堆场距离塔式起重机基坑洞口至少（　　），同时在基坑洞口四周设置安全围护，并设置安全指示牌。

A. 1～2m　　B. 2～3m

C. 3～4m　　D. 4～5m

7. 车辆出厂前应对驾驶员进行（　　）交底，防止在运输过程中由于人为操作不当，对预制构件造成损坏。

A. 安全技术　　B. 运输路线

C. 交通法规　　D. 文明驾驶

8. 预制外墙板运输宜采用（　　），车辆应缓慢启动，车速均匀，转弯变道时要减速，防止墙板发生倾覆。

A. 低跑平板车　　B. 高栏车

C. 集装箱车　　D. 自卸车

9. 预制构件装车时，应注意运输安全，并根据预制构件断面和（　　）采取不同的措施，防止在运输过程中出现裂缝等现象。

A. 混凝土类型　　B. 配筋形式

C. 运输距离　　D. 叠放层数

10. 以下哪种构件不宜采用水平叠放的方式（　　）。

A. 预制墙板　　B. 预制柱

C. 预制梁　　D. 预制板

三、简答题

1. 简述预制构件预埋件的进场检查要点。

2. 简述预制混凝土构件的进场检查的一般要求。

3. 哪些方面应该是预制构件装车过程中的重点控制要点。

4. 简述预制混凝土构件运输过程中的成品保护工作应该如何展开。

5. 在进行预制构件进场线路安排时，应重点关注哪些细节。

第 4 章　装配式建筑吊装施工工艺

本章内容主要介绍常见预制构件的吊装施工工艺，主要包括：吊装前的准备工作、吊装的工艺流程、吊装过程中的注意事项等，下面以预制柱、预制墙板、预制楼梯、预制隔墙板、预制叠合梁为例，分别进行详细介绍。

4.1　预制柱吊装施工工艺

1. 预制柱一般吊装工艺流程

以下的吊装工艺流程仅为预制柱的一般作业流程，只考虑工序作业之间的一般逻辑关系，不考虑各工序之间的交叉施工，预制柱吊装施工的一般工艺流程如图 4-1-1 所示：

预制柱吊装施工流程（图 4-1-1）：

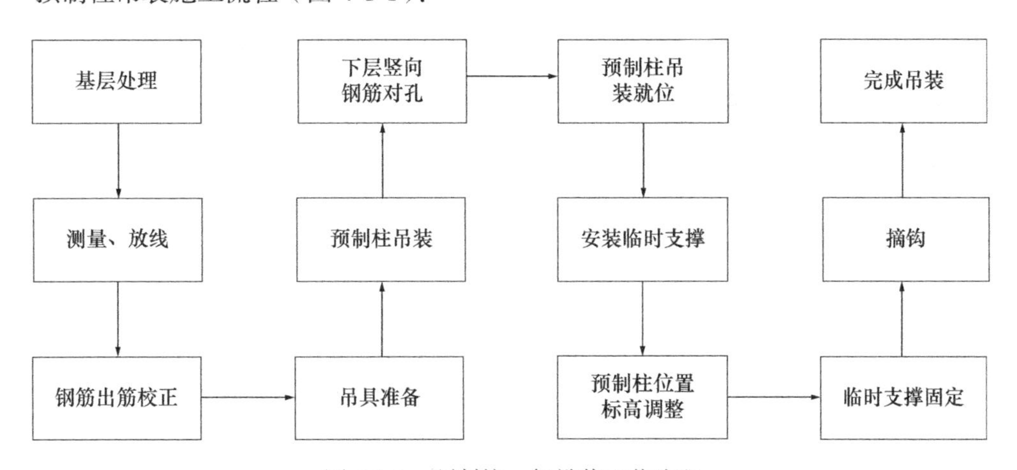

图 4-1-1　预制柱一般吊装工艺流程

2. 预制柱吊装前准备

在正式进行预制柱吊装前，应做好钢筋位置的校正、高程复核、接续混凝土面确保清理干净以及柱安装位置弹线，其具体要求如下：

（1）清理

在预制柱正式吊装前，应对构件进行清理，除去预制柱表面的混凝土渣及浮灰，重点对灌浆套筒内的混凝土浮灰及残渣进行清理，并检查灌浆孔及出浆孔的状态。如图 4-1-2 所示。

（2）测量放线、确认高程

安装预制柱前，应将连接平面清理干净，在作业层混凝土顶板上，弹设控制线，以便预制柱安装就位，控制线的弹设主要根据预制构件施工图及轴线控制点；定位测量完

图 4-1-2　清理预制柱套筒

成后，进行柱底标高测量，根据现浇部位顶标高与设计标高比对后，对柱底部位安置垫片，调整垫片以 10mm、5mm、3mm、2mm 四种基本规格进行组合，高程控制垫块，见图 4-1-3。

图 4-1-3　高程控制垫块

（3）柱筋校正

使用柱筋定位钢板控制柱筋的位置，确保在预制柱的吊装过程中，不会因为钢筋定位偏差，导致预制柱无法吊装就位。

（4）准备工具、确认构件

吊装前应备妥安装所需的设备如斜撑、斜撑固定铁件、螺栓、预制柱底部软性垫片、柱底高程调整铁片（10mm、5mm、3mm、2mm 四种基本规格进行组合）、起吊工具、垂直度测定杆、铝梯或木梯、氧气乙炔等。

（5）标注梁端搁置线

在柱头标识架梁位置，并放置柱头第一根箍筋（放置架梁后由于梁主筋影响无法放置）。见图 4-1-4。

图 4-1-4　架梁位置图

（6）检查、确认

再次确认预制柱的安装方向、构件编号、水电预埋管、吊点与构件重量确认，防止在吊装过程中出现错误起吊或超出吊具承载极限的现象。

3. 预制柱吊装

（1）试吊

根据预制柱的重量及吊点类型，选择适宜的吊具，在正式吊装之前，进行试吊。试吊高度不得大于 1m，试吊过程主要检测吊钩与构件，吊钩与钢丝绳，钢丝绳与吊梁、吊架之间连接是否可靠，确认各连接满足要求后方可正式起吊。

（2）正式起吊

构件吊装至施工操作层时，操作人员应站在楼层内，佩戴穿芯自锁保险带（保险带应与楼面内预埋钢筋环扣牢），用专用钩子将构件上系扣的缆风绳勾至楼层内；吊运构件时，下方严禁站人，必须待吊物降落离地 1m 以内，方准靠近，在距离楼面约 0.5m 时停止降落。

（3）下层竖向钢筋对孔

预制柱吊装高度接近安装部位约 0.5m 处，安装人员手扶构件引导就位，就位过程中构件须慢慢下落、平稳就位，预制柱的套筒（或浆锚孔）对准下部伸出钢筋。

（4）起吊、翻转

柱起吊翻转过程中应做好柱底混凝土成品保护工作，可采用垫黄砂或橡胶软垫的办法。见图 4-1-5。

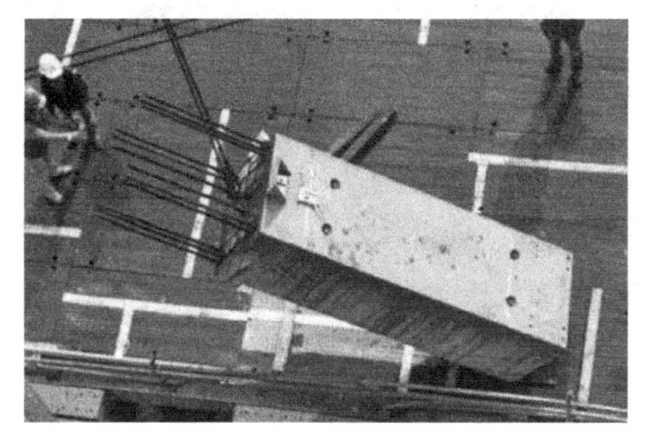

图 4-1-5　预制柱起吊

（5）预制柱就位

预制柱就位前应预先设置柱底抄平垫块，弹出相关安装控制线，控制预制柱的安装尺寸。通常，预制柱就位控制线为轴线和外轮廓线，对于边柱和角柱应以外轮廓线控制为准。见图 4-1-6。

（6）安装临时支撑

预制柱安装就位后应在两个方向设置可调斜撑作临时固定。根据深化设计图辅纸，X、Y 方向各安装一根斜撑，连接锁紧后方能卸除塔机卸扣。见图 4-1-7。

图 4-1-6　吊装就位

图 4-1-7　安装柱斜撑

4. 调整、校正

（1）预制柱位置、标高调整

预制柱吊装就位后，利用撬棍进行标高、垂直度、扭转调整和控制，调整过程中应注意保护预制柱。见图 4-1-8。

（2）临时支撑固定

预制柱吊装到位后，及时将斜撑固定在柱及楼板预埋件上，最少需要在柱的两面设置斜撑，然后对柱的垂直度进行复核，同时通过可调节长度的斜撑进行垂直度调整，直至垂直度满足要求。见图 4-1-9。

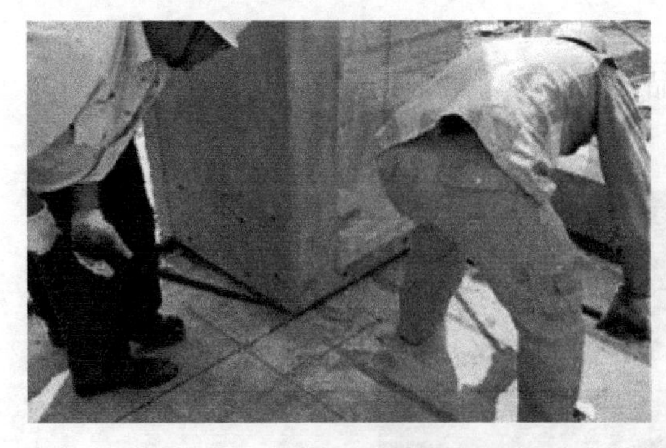

图 4-1-8　预制柱轴线位置复核

图 4-1-9　垂直度调整

（3）摘钩

预制柱吊装就位，支撑固定牢固后，吊装吊具须摘除，保证构件的稳定安全之后再进行后续工序施工。

4.2　预制墙板吊装施工工艺

1. 预制墙板吊装工艺流程

预制墙板应按照图 4-2-1 的工艺流程进行吊装：

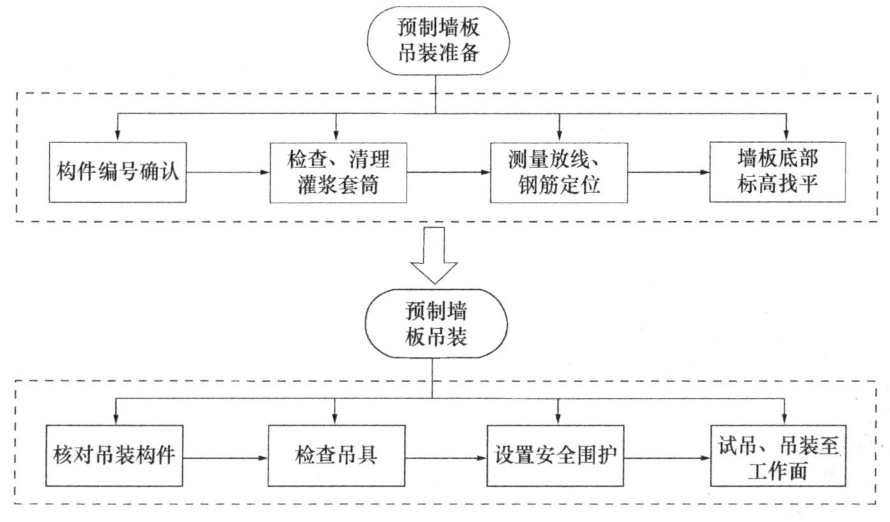

图 4-2-1　预制墙板吊装工艺流程

2. 预制墙板吊装前准备工作

预制墙板吊装前应做好以下准备工作：复核高程，放好垫块，工具耗材准备充足，塔式起重机、吊装工、塔式起重机指挥人员到位、设备完好，预制墙板已到现场，天气良好，临时用电设施安装到位。其具体工作内容如下：

（1）测量放线

安装预制墙板的连接平面应清理干净，在作业层混凝土顶板上，弹设控制线以便安装预制墙板就位，包括：预制墙板及洞口边线；预制墙板 30cm 水平位置控制线；作业层 50cm 标高控制线（预制墙板插筋上）；套筒中心位置线。具体见图 4-2-2。

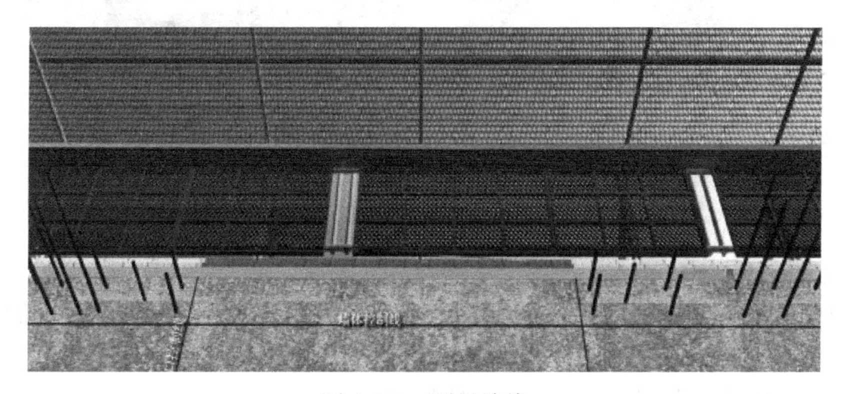

图 4-2-2　测量放线

（2）钢筋校正

1）预制墙板竖向连接采用水泥灌浆连接套筒的形式，应重视现浇层墙板钢筋布置，检查现浇层内预埋钢筋的位置尺寸是否正确，保证上层预制墙板预埋套筒与现浇层钢筋顺利对位，根据预制墙板底部套筒位置和尺寸制作专用定位卡具。定位卡具由钢板及扶手组成，根据预制墙板连接钢筋位置开孔，孔径为钢筋直径加2mm。

2）在下层预制墙板施工时，预制墙板内预留钢筋，浇筑预制墙板内混凝土前用定位卡具对钢筋进行定位，浇筑顶板混凝土时再将专用模具套在预留钢筋上，对位置偏差超出安装允许范围的钢筋进行修正，保证预留钢筋相对位置准确，专用模具按照预制墙板控制线进行定位，保证预制墙板预留钢筋的绝对位置。标准层顶板施工时，将定位卡具套在预制墙板顶部预留钢筋上，对位置偏差超出安装允许范围的钢筋进行修正，以保证钢筋位置的准确，见图4-2-3。

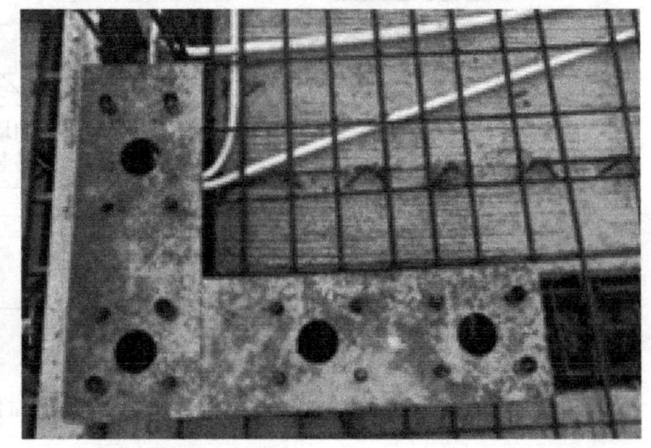

图4-2-3　混凝土浇筑前定位钢板校正

3）浇筑完顶板混凝土以后，在弹出预制墙板及钢筋套筒定位线的基础上调整钢筋位置，利用专用模具、线坠确定好每根预留钢筋的准确位置，用专用工具校正好钢筋位置，见图4-2-4。

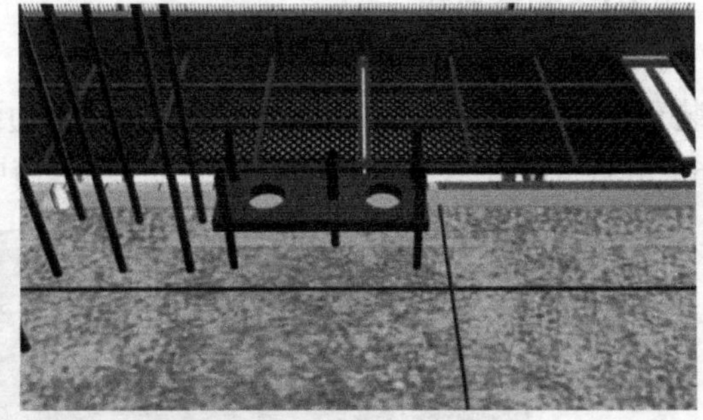

图4-2-4　混凝土浇筑后定位钢筋校正

（3）垫片找平

根据预先弹设在竖向插筋上的标高控制线，调整好钢垫片的高度。每块预制墙板下部在四个角的位置各放置一处钢垫片调整标高，标高调整到位后，用胶带将垫片缠好，重新复核该标高，确保其位置及高度准确。具体见图4-2-5。

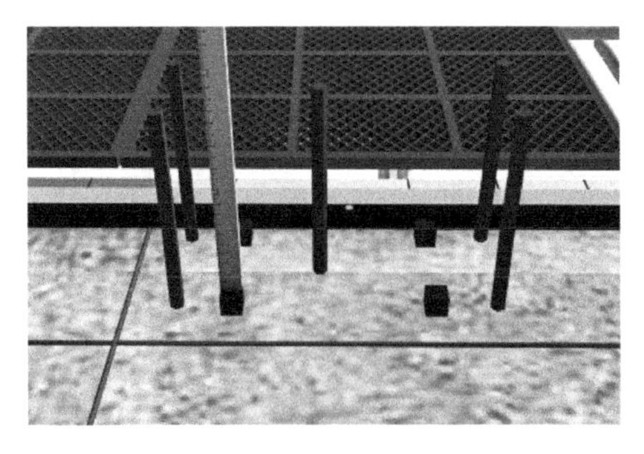

图 4-2-5　钢垫片找平

3. 预制墙板吊装

（1）核对预制墙板

预制墙板安装前应按吊装流程及施工图纸仔细核对预制墙板编号，检查预制墙板的编号是否有误写。

（2）检查吊具

检查吊具，做到班前专人检查和记录当日的工作情况。高空作业用工具必须增加防坠落措施，严防安全事故的发生。

（3）安全维护

开始作业前，用醒目的标识和围护将作业区隔离，严禁无关人员进入作业区内。

（4）吊装准备

用专用吊运钢梁起吊预制墙板，用卸扣将钢丝绳与外墙板上端的预埋吊环连接，确认连接紧固后，在板的下端放置两块 1000mm×1000mm×100mm 的海绵胶垫，防止板起吊离地时边角被撞坏。注意在起吊过程中，板面不得与堆放架发生碰撞。吊装前，应在上一层墙板沿外侧粘贴海绵条。具体见图 4-2-6。

图 4-2-6　预制墙板外侧粘贴海绵条

（5）试吊

用塔式起重机将预制墙板缓缓吊起，待墙板的底边升至距地面 50cm 时略作停顿，再次检查墙板吊挂是否牢固，板面有无污染破损，若有问题立即处理。确认无误后，继续提升使之慢慢靠近安装作业面。预制墙板吊装工况示意图见图 4-2-7。

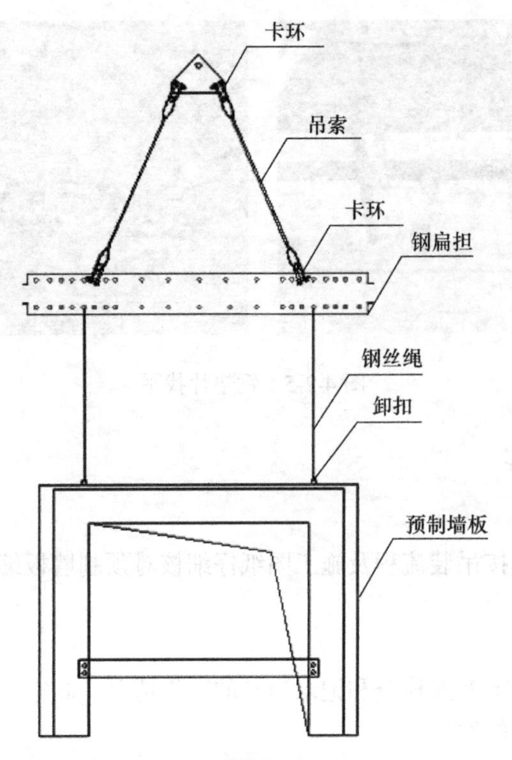

图 4-2-7　预制墙板吊装工况示意图

（6）吊装至作业面

当预制外墙板在距作业层上方 60cm 左右略作停顿，施工人员可以手扶预制墙板，控制预制墙板下落方向。

4. 吊装注意事项

（1）预制墙板就位和临时固定

根据预制构件安装顺序起吊。起吊前吊装人员应检查所吊构件型号、规格是否正确，外观质量是否合格，确认后方能起吊。预制构件离地后应先将预制构件根部系好缆风绳。在预制构件安装位置标出定位轴线，装好临时支座靠山。将预制构件吊到就位处，对准轴线，缓慢下降并落位，在预制构件上端安装临时可调节斜撑。预制构件吊装过程中由于构件引风面大，预制构件下降时，可采用慢就位机械使之缓慢下降。要通过预制构件根部系好缆风绳控制构件转动，保证预制构件就位平稳。为克服塔式起重机吊装预制构件就位时晃动，可通过在预制构件和安装面安装临时导向装置，使墙板吊装一次精确到位。墙板就位临时固定后，必须经过吊装指挥人员确认构件连接牢固后方能松钩。

（2）预制构件吊装人员操作要求

1）吊装前应检查机械索具、夹具、吊环等是否符合要求，并应进行试吊。

2）吊装时必须有统一的指挥、统一的信号。

3）使用撬棒等工具，用力要均匀、缓慢，支点要稳固，防止撬滑事故发生。

4）所吊预制构件在未校正、焊牢或固定之前，不准松绳脱钩。

5）起吊预制构件时，不可中途长时间悬吊、停滞。

6）起重吊装所用的钢丝绳，不准触及电线和电焊机一次线（搭铁线），不得与坚硬物体摩擦。

5. 预制墙板定位

（1）预制墙板缓慢下降，待到距预埋钢筋顶部 20mm 处，预制墙板两侧挂线坠对准地面上的控制线，套筒位置与地面预埋钢筋位置对准后，将预制墙板缓缓下降，使之平稳就位。

（2）在预制墙板一侧立一标杆，保证预制墙板在下落过程中沿标杆下落。

（3）安装时由专人负责预制墙板下口定位、对线，并用靠尺找直，借助小镜子进行对位。安装首层预制墙板时，应特别注意安装质量，使之成为以上各层的基准。具体见图 4-2-8 和图 4-2-9。

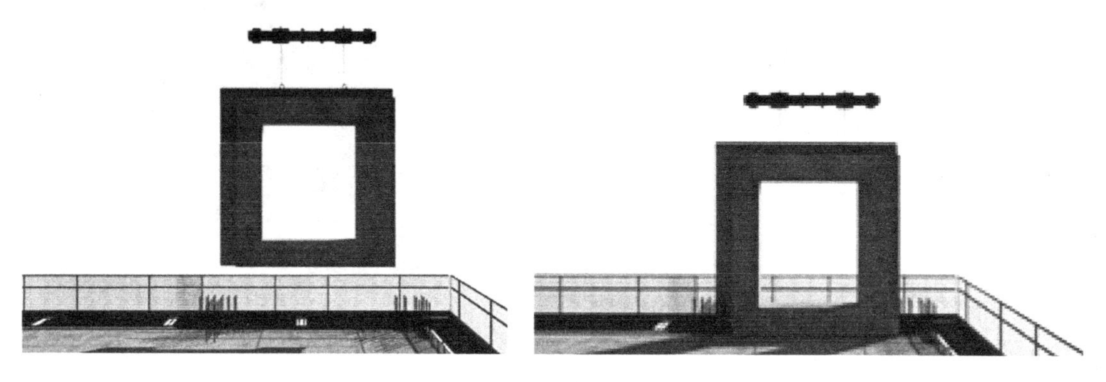

图 4-2-8　预制墙板就位示意图

图 4-2-9　预制墙板对位

6. 安装斜撑、校正

（1）准备工作

1）预先在叠合板内预留斜支撑连接预埋件，避免埋置在现浇层中由于强度不够而造成的楼面混凝土破坏；

2）吊装预制墙板前预先将斜支撑固定在楼板上，吊装完预制墙板后可直接安装，节省吊装时间。

（2）安装斜支撑

斜支撑和定位件安装及拆除要求：斜支撑墙板上固定高度为 2m，下端连接的预埋铆环与墙板水平距离为 1.5m，安装角度在 45°～60°，斜支撑拆除应在楼板混凝土浇筑完成后，且现浇混凝土强度达到 1.2MPa 以上。定位件与墙板、楼板连接通过预埋套筒螺栓连接。

采用可调节斜支撑螺杆将墙板进行固定。先将支撑托板安装在预制墙板上，吊装完成后将斜支撑螺杆拉接在墙板和楼面的预埋铁件上，长短螺杆可调节长度为 ±100mm。斜支撑安装见图 4-2-10。

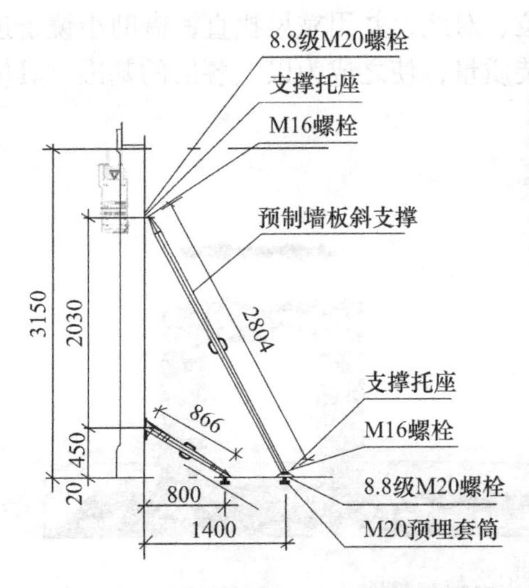

图 4-2-10　墙板斜支撑安装

（3）摘钩

斜支撑安装完成后，将准备好的梯子靠放在预制墙板上，由专人将吊钩摘掉。

（4）预制墙板校正

1）垂直预制墙板方向（Y 向）校正措施：利用短钢管斜撑调节杆，对预制墙板根部进行微调控制 Y 向的位置。

2）平行预制墙板方向（X 向）校正措施：主要是通过在楼板上弹出预制墙板位置线及控制轴线进行预制墙板位置校正，预制墙板按照位置线就位后，若有偏差需要调节，则可利用小型千斤顶在预制墙板侧面进行微调，最后用靠尺检查预制墙板垂直度。见图 4-2-11。

图 4-2-11　预制墙板校正

4.3　预制楼梯吊装施工工艺

1. 预制楼梯吊装工艺流程

预制楼梯的施工工艺流程图如图 4-3-1 所示：

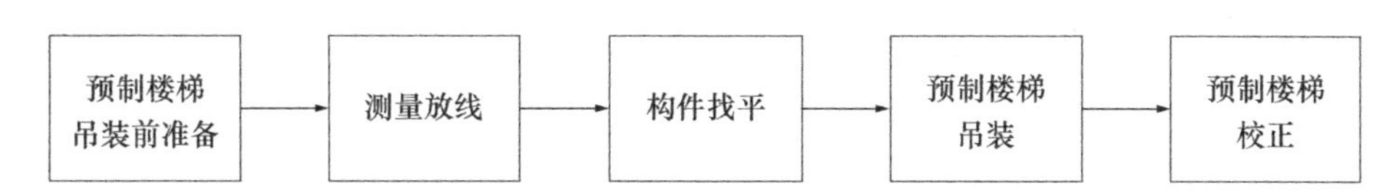

图 4-3-1　预制楼梯的施工工艺流程

2. 预制楼梯安装前准备

（1）确认构件核对

熟悉图纸，检查核对构件编号，确定安装位置，并对吊装顺序进行编号。

（2）预留销键钢筋

预制楼梯平台梁浇筑混凝土前须预留销键钢筋，并保证其位置准确（图 4-3-2）。

图 4-3-2　预制楼梯平台梁浇筑混凝土前须预留销键钢筋示意图

（3）测量放线

根据施工图纸，弹出预制楼梯安装控制线，对控制线及标高进行复核。预制楼梯侧面距结构墙体预留 30mm 空隙，为后续初装的抹灰层预留空间；梯井之间根据预制楼梯栏杆安装要求预留 40mm 空隙。

（4）预制楼梯找平层施工

在预制楼梯上下口梯梁处铺 2cm 厚 M15 水泥砂浆找平层，找平层标高要控制准确。M15 水泥砂浆采用成品干拌砂浆。见图 4-3-3。

图 4-3-3　预制楼梯找平层施工

3. 预制楼梯吊装

（1）起吊

预制楼梯采用水平吊装（图 4-3-4），吊装时，应使踏步平面呈水平状态，便于就位。将吊装吊环用螺栓与预制楼梯板预埋的内螺纹连接，以便吊装。板起吊前，检查吊环，用卡环销紧。

图 4-3-4　预制楼梯起吊

（2）就位

就位时要从上垂直向下安装预制楼梯板，在作业层上方 30cm 左右处略作停顿，施工人员手扶预制楼梯调整方向，将预制楼梯的边线与梯梁上的安放位置线对准，放下时要停稳慢放，严禁快速猛放，避免冲击力过大造成板面振折或开裂。

（3）校正

预制楼梯基本就位后再用撬棍微调预制楼梯，直到其位置正确，搁置平实。安装预制楼梯时，应特别注意标高正确，校正后再脱钩（图 4-3-5）。

图 4-3-5　预制楼梯定位

4.4　预制隔墙板安装施工工艺

1. 预制隔墙板安装一般工艺流程

预制隔墙板安装工艺流程与剪力墙板有所差异，其具体流程如图 4-4-1 所示。

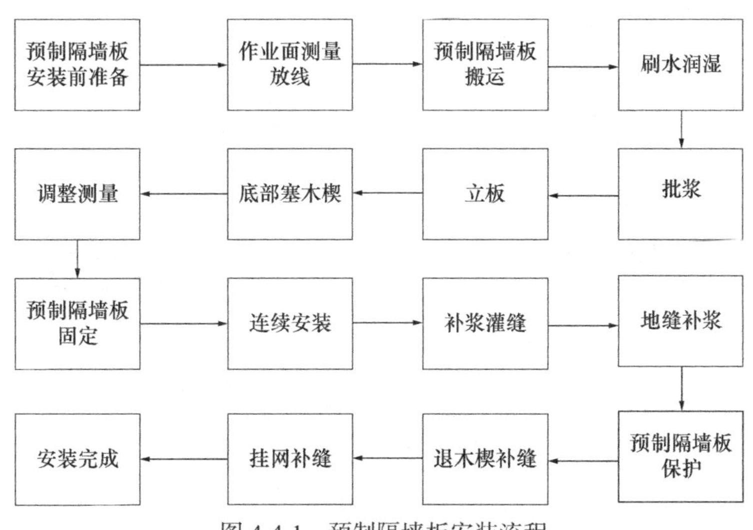

图 4-4-1　预制隔墙板安装流程

2. 吊装前准备工作

（1）技术及物料准备

吊装前应事先做好以下工作：复核标高及控制线，工具耗材准备充足，塔式起重机、吊装工、塔式起重机指挥人员到位，吊装设备完好，预制隔墙板已运到现场，天气良好，临时用电设施安装到位，做好技术安全交底。

安装辅材：预制隔墙板专用砂浆、耐碱网格布、射钉枪、射钉、射钉弹、抗震胶垫、L形卡码、泡沫块、木楔、激光水平仪、靠尺、撬棍、铁抹子、搅拌桶、搅拌机、毛刷、卷尺、运板车、铁锤等，见图 4-4-2～图 4-4-20。

图 4-4-2　预制隔墙板专用砂浆

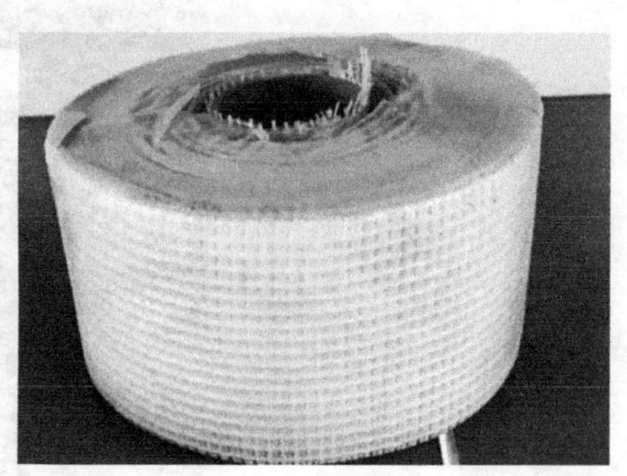
图 4-4-3　耐碱网格布

图 4-4-4　射钉枪

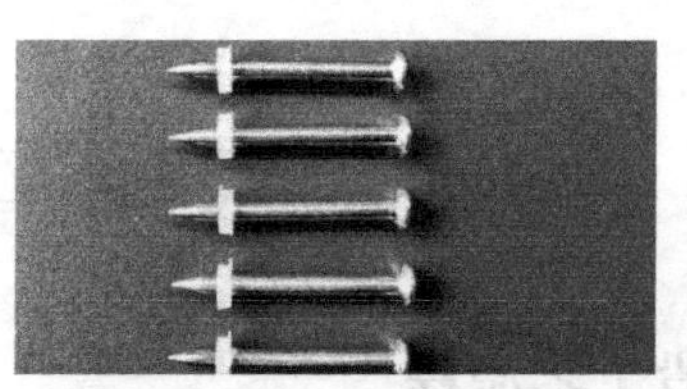
图 4-4-5　射钉

图 4-4-6　射钉弹

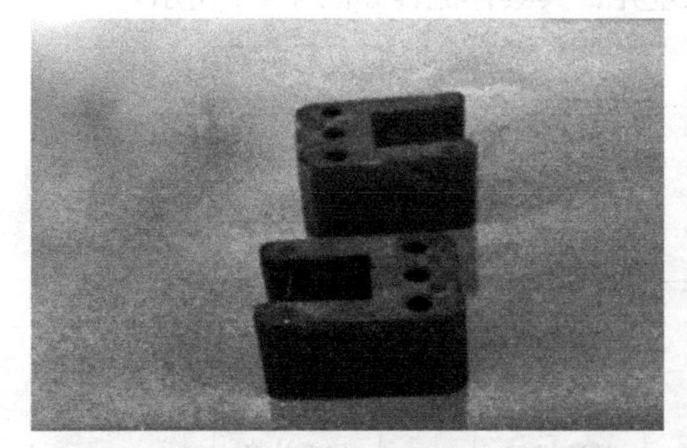
图 4-4-7　抗震胶垫

图 4-4-8　L 形卡码

图 4-4-9　泡沫块

图 4-4-10　木楔

图 4-4-11　激光水平仪

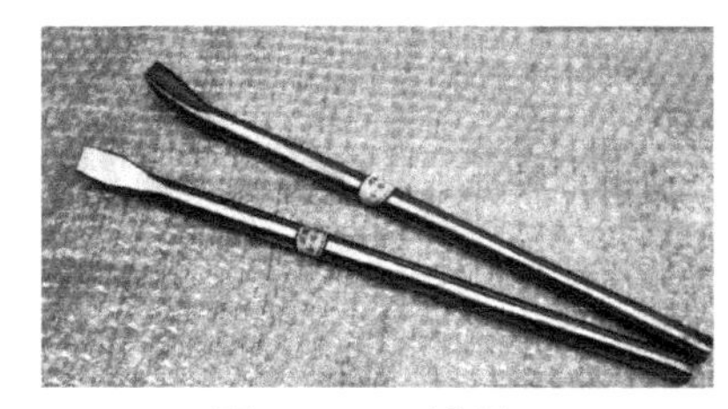
图 4-4-12　靠尺

图 4-4-13　撬棍

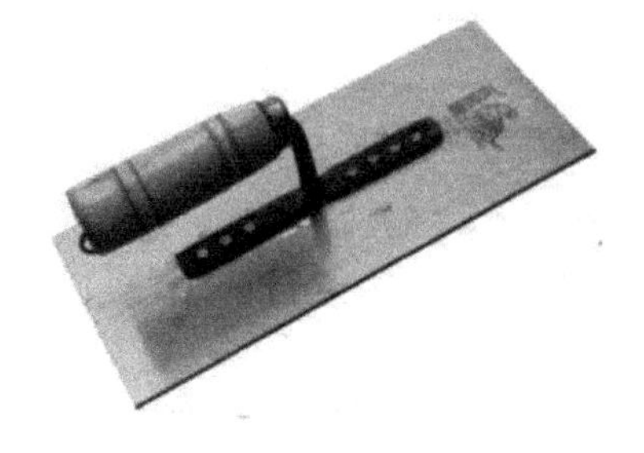
图 4-4-14　铁抹子

图 4-4-15　搅拌桶

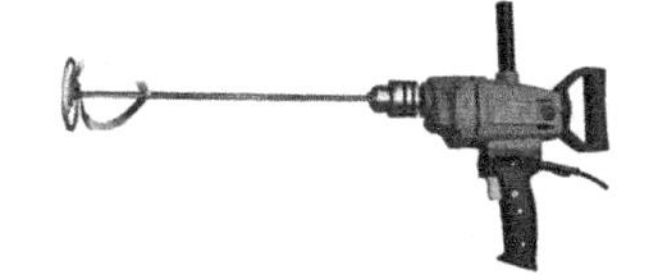
图 4-4-16　搅拌机

图 4-4-17　毛刷

图 4-4-18　卷尺

图 4-4-19　运板车

图 4-4-20　铁锤

（2）预制隔墙板定位放线

根据十字线及施工图纸开间进深尺寸，复核预制隔墙板定位线是否符合施工要求（图 4-4-21）。

图 4-4-21　放线

3. 预制隔墙板准备

（1）预制隔墙板运输

根据排板图纸选定型号及规格一致的预制隔墙板，用运板车运输到安装位置；严禁现场随意切割预制隔墙板，见图 4-4-22。

（2）安装辅材

在预制隔墙板顶部安装抗震胶垫、泡沫块、L 形卡码。见图 4-4-23。

图 4-4-22　预制隔墙板运输

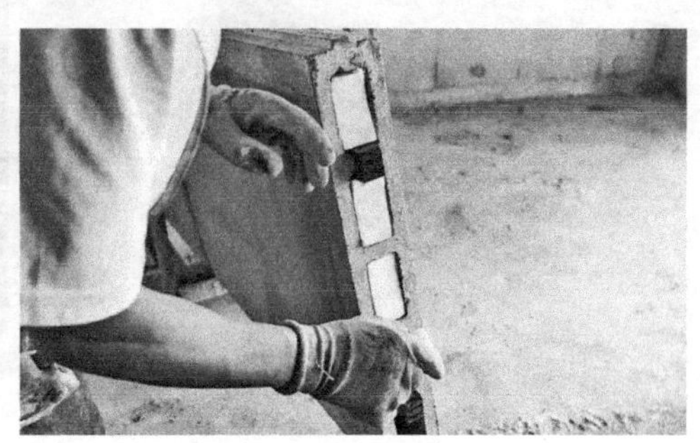

图 4-4-23　安装辅材

（3）刷水润湿

用毛刷沾水清洁墙板榫头以及与其连接的主体结构部位，须仔细清除残留的浮灰、油渍、杂质等，否则易产生隔离层，使后期面层结合不牢。见图 4-4-24。

图 4-4-24　刷水润湿

（4）批浆

在主体结构与预制隔墙板连接部位批专用砂浆。应注意：板与板之间的对接缝内应填满灌实，板缝间隙应揉挤严密，被挤出的砂浆应刮平、勾实。见图 4-4-25。

图 4-4-25　批浆

4. 预制隔墙板安装

（1）立板

将预制隔墙板抬起并移动至安装部位，用挤浆法安装。为了保障拼缝砂浆饱满度，用撬棍将预制隔墙板从下部往上、从侧面挤紧，缝宽控制在 5～8mm。见图 4-4-26。

图 4-4-26 立板

（2）底部备木楔

在预制隔墙板下部打入木楔并楔紧，且木楔的位置应选择放置在预制隔墙板的实心肋处，应采用下楔法施工，严禁采用上楔法施工。见图 4-4-27。

图 4-4-27 底部备木楔

（3）调整测量

用红外扫平仪、靠尺调整预制隔墙板平整度，并调整好垂直度和相邻墙板的平整度，且应待墙板的垂直度、平整度检验合格后再安装下一块墙板。另外，要保证墙板的垂直度控制在 3mm 以内。见图 4-4-28。

图 4-4-28 调整测量

（4）预制隔墙板固定

应按排板图在预制隔墙板与顶板、结构梁、主体墙、柱的连接处设置定位钢卡、抗震钢卡。见图 4-4-29。

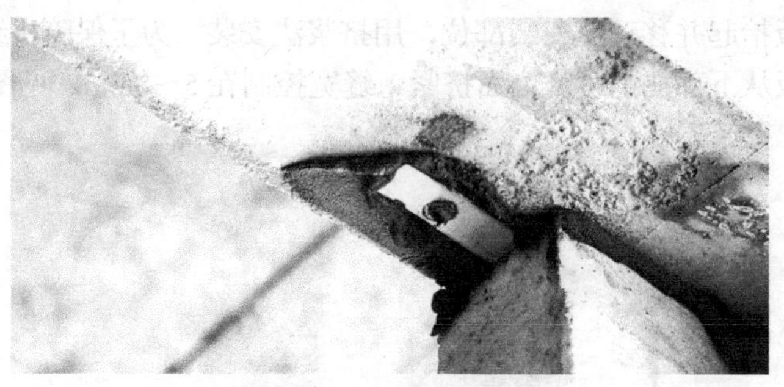

图 4-4-29　预制隔墙板固定

（5）预制隔墙板连续安装

安装第一块预制隔墙板后，连续安装后续预制隔墙板。见图 4-4-30。

图 4-4-30　预制隔墙板连续安装

5. 预制隔墙板安装后工作

（1）补浆灌缝

顶部、拼缝处必须进行勾缝处理，严禁出现缝隙不饱满、假缝等现象。见图 4-4-31。

图 4-4-31　补浆灌缝

（2）地缝补浆

立板完成 24h 内，须进行地缝补浆，补缝前必须清除杂物并洒水湿润地面，再用砂浆填塞密实。见图 4-4-32。

图 4-4-32　地缝补浆

（3）预制隔墙板安装完工后保护

预制隔墙板安装完成后，须拉警示带，防止预制隔墙板受到碰撞，倒塌伤人。见图 4-4-33。

图 4-4-33　预制隔墙板安装完工后保护

（4）退木楔灌缝

立板 7d 后拆除木楔，并对木楔位置进行灌缝处理。见图 4-4-34。

图 4-4-34　退木楔灌缝

（5）挂网补浆

预制隔墙板安装间隔 14d 后，在预制隔墙板拼缝位置，采用与压槽宽度一致的耐碱网格布进行挂网补浆；先批底浆，再挂耐碱网格布，最后进行收面处理，严禁露网。见图 4-4-35。

图 4-4-35　挂网补缝

4.5　预制叠合梁吊装施工工艺

1. 预制叠合梁吊装工艺流程

预制叠合梁的一般吊装流程如图 4-5-1 所示。

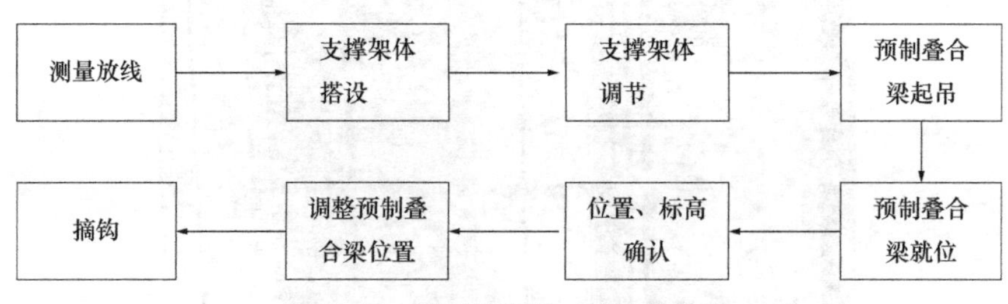

图 4-5-1　预制叠合梁一般吊装流程

2. 预制叠合梁吊装前准备

（1）测量放线

楼面混凝土达到强度后，要清理楼面，并根据结构平面布置图，放出定位轴线及预制叠合梁定位控制边线，做好控制线标识。见图 4-5-2。

图 4-5-2　预制叠合梁测量放线

（2）支撑架体搭设

装配式预制叠合梁支撑架体宜采用可调式独立钢支撑（图 4-5-3）。可调式独立钢支撑要包括独立钢支撑、铝合金工字梁（图 4-5-4），独立钢支撑与铝合金工字梁之间应采取可靠方式连接（图 4-5-5）。采用装配式结构独立钢支撑的高度不宜大于 4m。当支撑高度大于 4m 时，宜采用满堂钢管支撑脚手架。

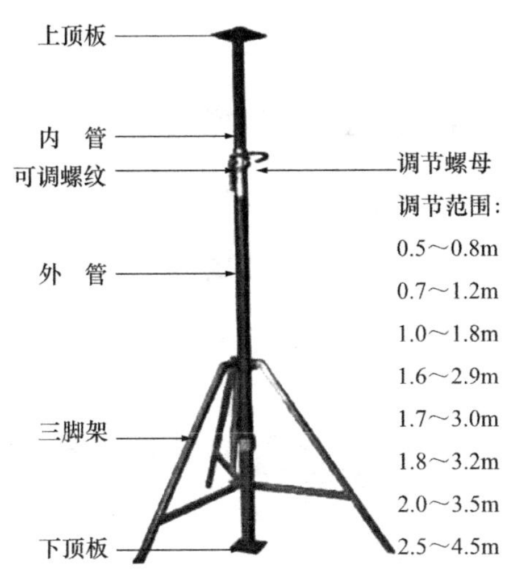

图 4-5-3 可调式独立钢支撑

图 4-5-4 铝合金工字梁

图 4-5-5 工字梁与支撑连接节点

可调式独立钢支撑施工前应编制专项施工方案，并应经审核批准后实施。施工方案应包括：工程概况、编制依据、独立钢支撑布置方案、施工部署、施工检测、搭设与拆除、施工安全质量保证措施、计算书及相关图纸等，并应按照钢支撑承受的荷载以及钢支撑容许承载力，计算钢支撑的间距和位置。

可调式独立钢支撑搭设前，项目技术负责人应按专项施工方案的要求对现场管理人员和作业人员进行技术和安全作业交底。

可调式独立钢支撑的搭设场地应坚实、平整，底部应作找平、夯实处理，地基承载力应满足受力要求，并应有可靠的排水措施，防止积水浸泡地基。独立钢支撑立柱搭设在地基土上，应加设垫板，垫板应有足够的强度和支撑面积，垫板下如有空隙应垫平、垫实。

根据结构施工支撑专项施工方案及支撑平面布置图，在楼面标出支撑点位置。

（3）支撑架体调节

先利用手柄将调节螺母旋至最低位置，将上管插入下管至接近所需的高度，然后将销子插入位于调节螺母上方的调节孔内，把可调钢支顶移至工作位置，搭设支架上部工字钢梁，旋转调节螺母，调节支撑使铝合金工字钢梁上口标高至叠合梁底标高，待预制梁底支撑标高调整完毕后进行吊装作业。见图 4-5-6。

图 4-5-6　支撑架体调节

3. 预制叠合梁吊装

（1）预制叠合梁起吊

支撑架体搭设完毕后，按照施工方案制定的安装顺序，将有关型号、规格的预制梁配套码放，在预制叠合梁两端弹好定位控制轴线（或中线），并调直两端伸出的钢筋，防止预制叠合梁在安装时与桩肋等发生碰撞。

在预制柱已吊装并加固完成的开间内进行预制叠合梁吊装作业。梁吊装宜遵循先主梁后次梁的原则。

应按照图纸上的规定或施工方案中所确定的吊点位置，进行吊钩和绳索的安装连接。注意吊绳的夹角不得小于 45°。如使用吊环起吊，必须同时拴好保险绳。当采用兜底吊运时，必须用卡环卡牢。

挂好钩绳后缓缓提升，绷紧钩绳，离地 500mm 左右时停止上升，认真检查吊具是否牢固，拴挂是否安全可靠，确认后方可吊运就位。

（2）预制叠合梁就位

吊装前应检查柱头支点钢垫的标高、位置是否符合安装要求。就位时找好柱头上的定位轴线和梁上轴线之间的相互关系，控制预制叠合梁正确就位。

预制叠合梁吊装至楼面 500mm 时，停止降落，操作人员稳住预制叠合梁，参照柱、墙顶垂直控制线和下层板面上的控制线，引导预制叠合梁缓慢降落至柱头支点上方。见图 4-5-7。

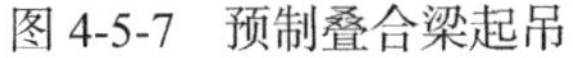

图 4-5-7　预制叠合梁起吊

图 4-5-8　预制叠合梁就位

（3）位置、标高确认

预制叠合梁初步就位后，借助柱头上的梁端定位线将梁精确校正，在调平的同时将下部可调支撑上紧。预制叠合梁的标高控制通过支撑体的调整顶丝螺母实现（图 4-5-9）。

根据预制墙体上弹出的水平控制线及竖向楼板定位控制线，校核预制叠合梁水平位置及竖向标高情况。如图 4-5-10 所示。通过调节竖向独立支撑，确保预制叠合梁满足设计标高及质量控制要求；通过撬棍调节预制叠合梁水平定位，确保预制叠合梁满足设计图纸水平定位及质量控制要求。

图 4-5-9　调整顶丝螺母校正叠合梁高度

图 4-5-10　校核预制叠合梁底标高

调整预制叠合梁水平定位时，撬棍应配合垫木使用，避免损伤预制叠合梁边角。

调整完成后应检查预制叠合梁吊装定位是否与定位控制线存在偏差。采用线坠和靠尺进行检测，如偏差仍超出设计及质量控制要求，或偏差影响到周边预制叠合梁或叠合楼板的吊装，应对该叠合梁进行重新起吊落位，直到通过检验为止。

待构件位置、标高确认无误后，方可进行摘钩。

（4）摘钩

检查预制叠合梁有无向外偏移倾斜的情况，观察标高是否发生变化，如有变化要调整过来；梁底支撑和夹具受力情况是否良好，构件安装牢靠后方可取钩。

确认梁底支撑和夹具全部受力情况；过道梁支撑塔设采用井字形工具式支撑时，应在构件左右两侧的横杆上增加扣件固定，防止其发生偏位；预制叠合梁发生倾斜时，在夹具内加塞垫块。见图 4-5-11。

取钩人员用铝合金梯子爬上取钩时，下方人员扶好梯子；取钩人员穿戴好个人安全防护用品。

图 4-5-11 预制叠合梁吊装完成及支撑设置

4.6 预制叠合板吊装施工工艺

1. 预制叠合板吊装工艺

预制叠合板属于常见预制构件，其吊装工艺流程也相对简单，但应注意严格按照流程操作，防止构件造成损害或者发生安全事故，预制叠合板吊装施工工艺流程如图 4-6-1 所示：

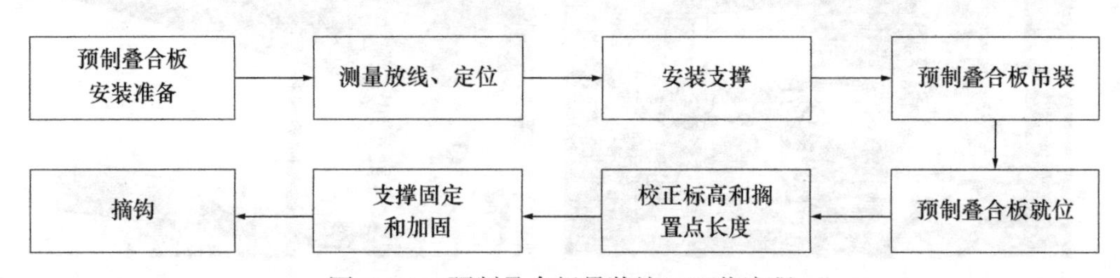

图 4-6-1 预制叠合板吊装施工工艺流程

2. 预制叠合板安装准备

根据施工图纸，检查预制叠合板构件类型，确定安装位置，并对预制叠合板吊装顺序进行编号，按照构件编号进行吊装。

（1）测量放线

1）弹独立支架位置线

按照施工方案放出独立支架位置线，在下一层楼板位置弹出预制叠合板位置线。

2）放墙身标高线及预制叠合板起止线

在剪力墙面上弹出+1m 线，墙顶弹出预制叠合板安放位置线，并做出明显标志，以控制预制叠合板安装标高和平面位置。

3）弹线切割

预制叠合板区域现浇混凝土墙体时，要求墙混凝土高度超出预制叠合板标高 10～20mm，根据预制叠合板位置及标高控制线，采用无缝切割机切割平齐，保证预制叠合板放置部位平顺。测量放线见图 4-6-2。

图 4-6-2　预制叠合板测量放线示意图

（2）安装独立支撑

安装预制叠合板时，底部必须做独立支架，支架采用可调节的钢制的预制工具式支架，间距为 1800（2000）mm。安装前调整支架标高与两侧墙预留标高一致。在结构层施工中，要双层设置支架，待一层预制叠合板完成施工后，现浇混凝土强度≥ 70% 设计强度时，才可以拆除下一支架。

独立支撑的安装应注意以下事项：

1）根据放出的独立支撑位置线依次搭设独立钢支撑；

2）调整独立支撑高度到预定标高。

独立钢支撑安装见图 4-6-3。

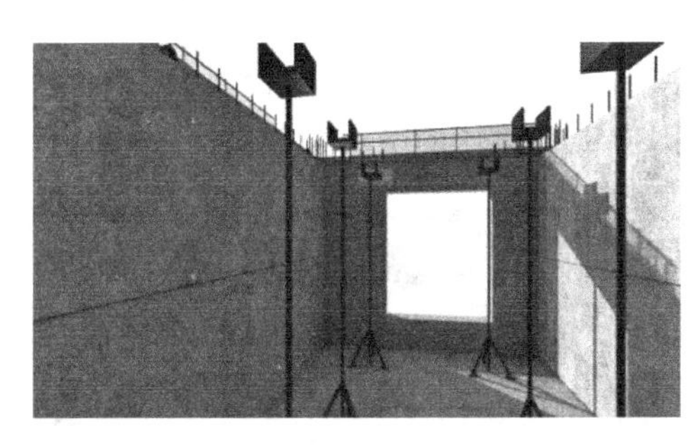

图 4-6-3　独立钢支撑安装图

第一道支撑须在楼板边 0.2～0.5m 内设置。预制叠合板支撑安装应垂直，三脚支撑应卡牢（图 4-6-4）。支撑最大间距不得超过 1.8m，当跨度大于 4m 时，房间中间应适当起拱。

图 4-6-4　定型化三脚支撑

（3）铝合金钢梁搭设

1）根据放出的楼板标高线，在独立支撑上放置铝合金钢梁；

2）再次复核独立支撑标高，保证铝合金钢梁上表面位置准确；

铝合金钢梁搭设具体见图 4-6-5。

图 4-6-5　铝合金钢梁搭设示意图

3. 预制叠合板吊装

（1）起吊准备

预制叠合板起吊时，要尽可能减小预制叠合板因自重产生的弯矩。使用钢扁担吊装架进行吊装，4 个吊点应均匀受力，保证构件平稳吊装。

每块预制叠合板须设 4 个起吊点（图 4-6-6），吊点位置在预制叠合楼板中格构梁上弦与腹筋交接处或预制叠合板本身设计吊环（图 4-6-7），具体的吊点位置需由设计人员确定。

图 4-6-6　桁架起吊

图 4-6-7　吊环起吊

（2）试吊

起吊时要先试吊，先吊起距地 50cm 停止，检查钢丝绳、吊钩的受力情况，使预制叠合板保持水平，然后吊至作业层上空。

（3）预制叠合板就位

就位时预制叠合板要垂直从上向下安装，在作业层上方 20cm 处略停顿，施工人员手扶预制叠合板，调整方向，将板的边线与墙上的安放位置线对准，注意避免预制叠合板上的预留钢筋与墙体钢筋“打架”，放下时要平稳慢放，严禁快速猛放，以免冲击力过大造成板面振折产生裂缝。5 级风以上时应停止吊装。

预制叠合板吊装见图 4-6-8。

图 4-6-8　预制叠合板吊装

（4）预制叠合板校正

1）调整预制叠合板位置时，要垫小木块，不要直接使用撬棍，以免损坏板的边角，要保证板的搁置长度，其允许偏差不大于 5mm。

2）板安装完后进行标高校核，调节板下的可调支撑。

4. 吊装后施工

（1）水电管线敷设

敷设机电管线时要严格控制管线叠加处标高，严禁高出现浇层板顶标高。

1）预制叠合板顶部放出机电管线位置线；

2）铺设机电管线；

3）管线端头处做好保护。

水电管线敷设见图 4-6-9。

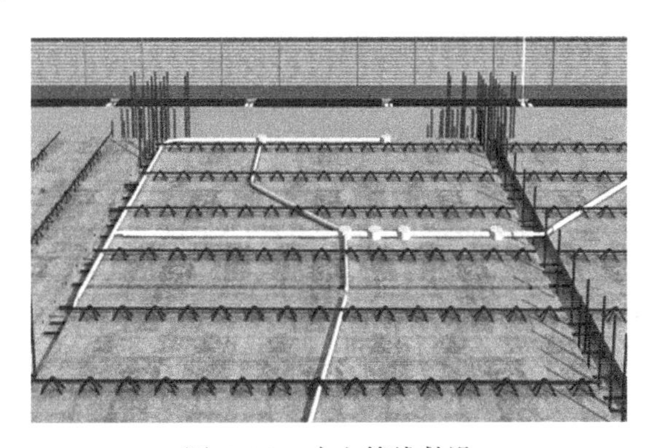

图 4-6-9　水电管线敷设

（2）叠合层钢筋绑扎

1）叠合层钢筋为双向单层钢筋；

2）绑扎钢筋前应将预制叠合板上杂物清理干净，宜根据钢筋间距弹线绑扎。钢筋绑扎时穿入叠合层上的桁架、钢筋弯钩的朝向要严格控制，不得平躺；

3）双向板钢筋放置：当双向配筋的直径和间距相同时，短跨钢筋应放置在长跨钢筋之下；当双向配筋直径或间距不同时，配筋大的方向应放置在配筋小的方向之下。

叠合层钢筋绑扎具体见图 4-6-10。

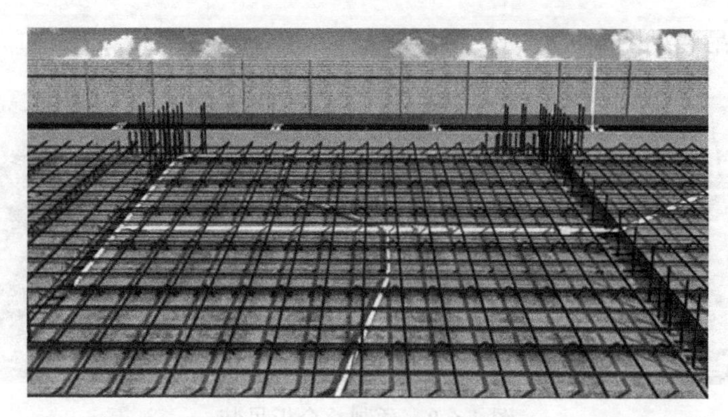

图 4-6-10　叠合层钢筋绑扎

（3）叠合层混凝土浇筑

1）浇筑准备

为使叠合层与预制叠合板结合牢固，要认真清扫板面，对有油污的部位，应将表面凿去一层（深度约 5mm）。在浇灌前要用有压力的水冲洗湿润，注意不要使浮灰集在压痕内。

2）混凝土浇筑

叠合层混凝土浇灌：混凝土坍落度控制在 16～18cm，每一段混凝土要从同一端起，分 1 或 2 个作业组平行浇灌，连续施工，一次完成。使用平板振捣器振捣，要尽量使混凝土中的气泡逸出，保证振捣密实。

3）收光

工人穿收光鞋用木刮杠在水平线上将混凝土表面刮平，随即用木抹子搓平。

4）养护

浇水养护，要求保持混凝土湿润持续 7d。

5）清理校正预留钢筋

将叠合层混凝土浇筑时被污染的预留钢筋清理干净，调整预留钢筋位置。

4.7　预制空调板、阳台板安装施工

1. 空调板、阳台板吊装工艺流程

预制空调板、阳台板的吊装流程大体类似，下面以预制阳台板的吊装流程为例进行介绍（图 4-7-1）：

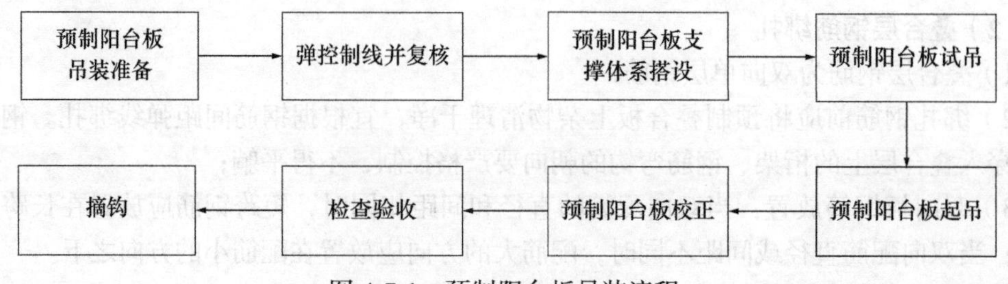

图 4-7-1　预制阳台板吊装流程

2. 安装前准备

（1）熟悉设计图纸、核对构件编号，并明确吊装顺序；

（2）根据施工图纸区分型号，确定安装位置；

（3）根据施工图纸将构件的水平位置及标高弹线标出，并对控制线及标高进行复核；

（4）搭设支撑。

1）支撑搭设

预制阳台板分为预制叠合阳台板和全预制阳台板（图 4-7-2 和图 4-7-3），预制阳台板吊装前必须先搭设好预制阳台的支撑，支撑的标高必须是预制阳台板的底标高；预制空调板吊装前，板底应采用临时支撑，预制空调板与现浇结构连接时，预留锚固钢筋应伸入现浇结构，并应与现浇结构连成整体（图 4-7-4）。

图 4-7-2　预制叠合阳台板

图 4-7-3　全预制阳台板

图 4-7-4　预制空调板

2）调整支撑

根据构件标高位置线，将构件下方支撑的顶托调至合适位置处。为保证支撑的整体稳定性，需要设置拉结点将支撑与外墙板连成一体。

3. 吊装

（1）预制阳台板用预制板上预埋的吊环吊装，在确认卸扣连接牢固后缓慢起吊；

（2）待预制阳台板吊装至作业面上 500mm 处略作停顿，根据阳台安装位置控制线进行安装。就位时要缓慢放置，严禁快速猛放，以免造成预制空调板、阳台板震折损坏；

（3）构件按照控制线对准安放后，利用撬棍进行微调，就位后用 U 形托调整标高；

（4）构件吊装就位后根据标高及水平位置线进行校正。

4. 钢筋绑扎、浇筑

（1）钢筋绑扎

待预制叠合板机电管线铺设完毕后，将预制阳台板伸出的锚固钢筋与预制叠合楼板叠合层钢筋一同绑扎。

（2）混凝土浇筑

叠合层钢筋经过隐蔽验收合格后，可进行叠合层的混凝土浇筑。

练习与思考

一、填空题

1. 吊装前应备妥安装所需的设备如________、________、________、预制柱底部软性垫片、预制柱底高程调整铁片、氧气乙炔等。

2. 预制柱套筒灌浆采用压力灌浆方式，采用高强度灌浆料，强度等级为 __________，具有无收缩、骨料粒径较小、快硬、高强度、高流动性的特点，能满足灌浆接头用砂浆的要求，1d 抗压强度可达到 __________以上。

3. 预制墙板垂直校正措施有：利用 __________，对预制墙板根部进行微调来控制 Y 向的位置。

4. 预制柱吊装高度接近安装部位约 __________处，安装人员要手扶构件引导预制柱吊装就位。

5. 吊装预制墙板采用 __________，用卸扣将钢丝绳与预制墙板上端的 __________相连接，并确认连接紧固后，在板的下端放置两块 1000mm×1000mm×100mm 的海绵胶垫，以防预制墙板起吊离地时，板的边角被撞坏。

6. 预制构件安装作业开始前，用醒目的________和________将作业区隔离，严禁无关人员进入作业区内。

7. 在进行预制构件安装前应按________及________核对构件编号。

二、选择题

1. 预制柱吊装到位后及时将斜撑固定在预制柱及预制楼板预埋件上，最少需要在预制柱的（　　）设置斜撑，然后对预制柱的垂直度进行复核，同时通过可调节长度的斜撑进行垂直度调整，直至垂直度满足要求。

A. 一面　　B. 两面

C. 三面　　D. 四面

2. 预制墙板应缓慢下降，待到距预埋钢筋顶部（　　）处，预制墙板两侧挂线坠对准地面上的控制线，套筒位置与地面预埋钢筋位置对准后，将预制墙板缓缓下降，使之平稳就位。

A. 2cm　　B. 4cm

C. 6cm　　D. 8cm

3. 预制墙板斜支撑和定位件安装及拆除要求：斜支撑固定高度为 2m，下端连接的铆环距预制墙板水平距离为（　　）。

A. 1m　　B. 1.5m

C. 2m　　D. 2.5m

4. 预制墙板斜支撑安装角度在 45° ～（　　），斜支撑拆除时间为楼面现浇混凝土完成后，且现浇混凝土强度达到 1.2MPa 以上。

A. 50°　　　　B. 60°

C. 70°　　　　D. 80°

5. 预制楼梯安装时应根据施工图纸，弹出预制楼梯安装控制线，预制楼梯侧面距结构墙体预留（　　）空隙，为后续初装的抹灰作业预留空间。

A. 20mm　　　　B. 30mm

C. 40mm　　　　D. 50mm

6. 在进行预制梯找平时，上下口梯梁处铺 2cm 厚（　　）水泥砂浆找平层，找平层标高要控制准确。

A. M7.5　　　　B. M10

C. M15　　　　D. M5

7. 预制轻质墙板采用挤浆安装法，保障拼缝砂浆饱满度，采用撬棍从下部往上、从侧面挤紧，缝宽控制在（　　）。

A. 2～3mm　　　　B. 4～6mm

C. 3～5mm　　　　D. 5～8mm

8. 预制轻质墙板立板完成（　　）h 内，须进行地缝补浆。补缝前必须清除杂物并洒水湿润地面，再用砂浆填塞密实。

A. 8　　　　B. 12

C. 16　　　　D. 24

9. 预制轻质墙板立板（　　）后可拆除木楔，并对木楔位置进行灌缝处理。

A. 3d　　　　B. 4d

C. 5d　　　　D. 7d

10. 预制隔墙板安装间隔 14d 后，在预制隔墙板拼缝位置，采用与压槽宽度一致的耐碱网格布进行挂网补浆。

A. 7d　　　　B. 14d

C. 20d　　　　D. 25d

三、简答题

1. 简述预制楼梯构件安装工艺流程。
2. 在进行预制隔墙板安装作业前应做好哪些准备工作？
3. 简述预制柱吊装的具体工序。
4. 请详细写出预制轻质墙板的安装工艺流程。
5. 预制空调板、阳台板安装前应做好哪些准备工作？

第 5 章　装配式建筑吊装施工质量控制及验收

装配式建筑施工质量的优劣取决于施工时的各个环节，严格把控装配式建筑吊装施工的各个工序，按照规范及相关标准要求进行施工，才能从根本上控制装配式建筑的质量。本章内容主要介绍从构件的进场到构件安装校正的各个环节，使读者能够更加全面地了解装配式建筑吊装施工环节中的质量控制要点。主要内容包括：预制构件的进场检查、预制构件安装过程质量控制、吊装施工常见问题处理等内容。

5.1　预制构件的进场检查

1. 进场检查的一般要求

预制构件进场时须附隐蔽验收单及产品合格证。施工单位和监理单位应对进场的预制构件进行质量检查。检查内容包括：预制构件质量证明文件和出厂标识，预制构件外观质量、尺寸偏差。另外，重点注意做好预制构件图纸编号与实际构件的一致性检查，预制构件在明显部位标明的生产日期、构件型号、生产单位和生产单位验收标志的检查，预制构件表面会喷涂构件的相关信息，或者粘贴构件的二维码信息，如图 5-1-1 所示。

图 5-1-1　预制构件二维码信息

2. 预制构件进场检查项目

本部分内容以《装配式混凝土建筑技术标准》GB 51231 质量验收条款中，对预制构件的要求为基础进行撰写，具体内容包括：预制构件进场验收的主控项目及一般项目。其中，预制构件质量控制的主控项目包括：质量证明文件、结构性能检验、严重质量缺陷、面砖饰面材料。一般项目主要包括：一般质量缺陷、粗糙面、饰面砖外观、预埋件的情况等。预制构件在出厂前都会进行出厂验收，但是施工单位及监理单位应严格按照相关规范、标准要组织进场预制构件验收，防止预制构件生产方因质量控制不力，对装配式建筑的施工质量造成影响。以下对预制构件进场验收的主控项目及一般项目进行详细的介绍。

（1）主控项目

1）质量证明文件

专业厂家生产的预制构件，在进场时应检查其质量证明文件，例如：装配式混凝土预制构件产品出厂质量保证书等，见图 5-1-2。

检查数量：全数检查。

检验方法：检查质量证明文件或质量验收记录。

装配式混凝土预制构件产品出厂质量保证书

No：000001

<table>
<tr><td>企业名称（盖章）</td><td></td><td>工程名称</td><td></td></tr>
<tr><td>企业地址</td><td></td><td>工程地址</td><td></td></tr>
<tr><td>联系电话</td><td></td><td>联系电话</td><td></td></tr>
<tr><td>产品名称</td><td>装配式混凝土预制构件</td><td>执行标准</td><td>DG/TJ08—2069
GB 50204</td></tr>
<tr><td>企业备案证编号</td><td colspan="2"></td><td>砂石：</td></tr>
<tr><td rowspan="2">注册商标（图形/文字）</td><td rowspan="2"></td><td rowspan="4">原材料及配件备案证编号</td><td>水泥：</td></tr>
<tr><td>钢筋（主筋）：</td></tr>
<tr><td>试验报告编号</td><td></td><td>灌浆套筒：</td></tr>
<tr><td>出厂日期</td><td></td><td>夹心保温连接件：</td></tr>
<tr><td>本车次构件体积</td><td>大写： m³</td><td>砂氯离子含量</td><td>批次： %</td></tr>
</table>

<table>
<tr><td rowspan="2">序号</td><td rowspan="2">构件类型</td><td rowspan="2">产品编号</td><td colspan="3">混凝土抗压强度（MPa）</td><td rowspan="2">备注</td></tr>
<tr><td>设计等级</td><td>出厂强度</td><td>检验结论</td></tr>
<tr><td>1</td><td></td><td></td><td></td><td></td><td></td><td></td></tr>
<tr><td>2</td><td></td><td></td><td></td><td></td><td></td><td></td></tr>
<tr><td>3</td><td></td><td></td><td></td><td></td><td></td><td></td></tr>
<tr><td>4</td><td></td><td></td><td></td><td></td><td></td><td></td></tr>
<tr><td>5</td><td></td><td></td><td></td><td></td><td></td><td></td></tr>
<tr><td>6</td><td></td><td></td><td></td><td></td><td></td><td></td></tr>
<tr><td>7</td><td></td><td></td><td></td><td></td><td></td><td></td></tr>
<tr><td>8</td><td></td><td></td><td></td><td></td><td></td><td></td></tr>
<tr><td>9</td><td></td><td></td><td></td><td></td><td></td><td></td></tr>
<tr><td>10</td><td></td><td></td><td></td><td></td><td></td><td></td></tr>
<tr><td>11</td><td></td><td></td><td></td><td></td><td></td><td></td></tr>
<tr><td>12</td><td></td><td></td><td></td><td></td><td></td><td></td></tr>
<tr><td>检验结论</td><td colspan="6">上述产品出厂检验符合DG/TJ08—2069、GB 50204标准要求指标，准予出厂</td></tr>
<tr><td>检验人员</td><td></td><td>审核人员</td><td></td><td>签发日期</td><td colspan="2"></td></tr>
</table>

图 5-1-2 装配式混凝土预制构件产品出厂质量保证书

2）结构性能检验

对于预制构件生产单位生产的构件进场时应进行结构性能检验，预制构件结构性能检验应符合下列规定：

① 梁板类简支受弯预制构件进场时应进行结构性能检验，并应符合下列规定：

A. 结构性能检验应符合国家现行相关标准的有关规定及设计的要求，检验要求和试验方法应符合现行国家标准《混凝土结构工程施工质量验收规范》GB 50204 的有关规定。

B. 钢筋混凝土构件和允许出现裂缝的预应力混凝土构件应进行承载力、挠度和裂缝宽度检验；不允许出现裂缝的预应力混凝土构件应进行承载力、挠度和抗裂检验。

C. 对大型预制构件及有可靠应用经验的构件，可只进行裂缝宽度、抗裂和挠度检验。

D. 对使用数量较少的预制构件，当能提供可靠依据时，可不进行结构性能检验。

E. 对多个工程共同使用的同类型预制构件，结构性能检验可共同委托，其结果对多个工程共同有效。

② 对于不可单独使用的预制叠合板底板，可不进行结构性能检验。对预制叠合梁构件，是否进行结构性能检验、结构性能检验的方式应根据设计要求确定。

③ 对本节第①、②之外的其他预制构件，除设计有专门要求外，进场时可不做结构性能检验。

④ 本节第①、②、③规定中不做结构性能检验的预制构件，应采取下列措施：

A. 施工单位或监理单位代表应驻厂监督预制构件生产过程。

B. 当无驻厂监督时，预制构件进场时应对其主要受力钢筋数量、规格、间距、保护层厚度及混凝土强度等进行实体检验。

检验数量：同一类型（"同一类型"是指同一钢种、同一混凝土强度等级、同一生产工艺和同一结构形式。抽取预制构件时，宜从设计荷载最大、受力最不利或生产数量最多的预制构件中抽取。）预制构件不超过 1000 个为一批，每批随机抽取 1 个预制构件进行结构性能检验。

检验方法：检查结构性能检验报告或实体检验报告。

3）严重外观质量缺陷

预制构件外观质量不应有严重缺陷，其外观质量缺陷见表 5-1-1，且不应有影响结构性能和安装、使用功能的尺寸偏差。

检查数量：全数检查。

检验方法：观察、尺量；检查处理记录。

预制构件严重外观质量缺陷　　表 5-1-1

名称	现象	严重缺陷
露筋	预制构件内钢筋未被混凝土包裹而外露	纵向受力钢筋有露筋
蜂窝	混凝土表面缺少水泥砂浆而形成石子外露	预制构件主要受力部位有蜂窝
孔洞	混凝土中孔穴深度和长度均超过保护层厚度	预制构件主要受力部位有孔洞
夹渣	混凝土中夹有杂物且深度超过保护层厚度	预制构件主要受力部位有夹渣
疏松	混凝土中局部不密实	预制构件主要受力部位有疏松
裂缝	缝隙从混凝土表面延伸至混凝土内部	预制构件主要受力部位有影响结构性能或使用功能的裂缝
连接部位缺陷	预制构件连接处混凝土有缺陷及连接钢筋、连接件松动	连接部位有影响结构传力性能的缺陷
外形缺陷	缺棱掉角、棱角不直、翘曲不平、飞边凸肋等	清水混凝土构件有影响使用功能或装饰效果的外形缺陷
外表缺陷	预制构件表面麻面、掉皮、起砂、沾污等	具有重要装饰效果的清水混凝土构件有外表缺陷

4）饰面材料

预制构件表面预贴饰面砖、石材等与混凝土的粘结性能应符合设计和国家现行有关标准的规定。

检查数量：按批检查。

检验方法：检查拉拔强度检验报告。

（2）一般项目

1）外观一般缺陷

预制构件外观质量不应有一般缺陷（表 5-1-2），对出现的一般缺陷应要求预制构件生产厂按技术处理方案处理，并重新检查验收。

检查数量：全数检查。

检验方法：观察，检查技术处理方案和处理记录。

预制构件外观质量 **表 5-1-2**

名称	现象	一般缺陷
露筋	预制构件内钢筋未被混凝土包裹而外露	其他部位有少量露筋
蜂窝	混凝土表面缺少水泥砂浆而形成石子外露	其他部位有少量蜂窝
孔洞	混凝土中孔穴深度和长度均超过保护层厚度	其他部位有少量孔洞
夹渣	混凝土中夹有杂物且深度超过保护层厚度	其他部位有少量夹渣
疏松	混凝土中局部不密实	其他部位有少量疏松
裂缝	缝隙从混凝土表面延伸至混凝土内部	其他部位有少量不影响结构性能或使用功能的裂缝
连接部位缺陷	预制构件连接处混凝土有缺陷及连接钢筋、连接件松动	连接部位有基本不影响结构传力性能的缺陷
外形缺陷	缺棱掉角、棱角不直、翘曲不平、飞边凸肋等	其他混凝土构件有不影响使用功能的外形缺陷
外表缺陷	预制构件表面麻面、掉皮、起砂、沾污等	其他混凝土构件有不影响使用功能的外表缺陷

2）粗糙面

预制构件粗糙面的外观质量、键槽（图 5-1-3）的外观质量和数量应符合设计要求。

检查数量：全数检查。

检验方法：观察，量测。

图 5-1-3　预制构件粗糙面的外观质量、键槽示意图

3）饰面材料外观质量

预制构件表面预贴饰面砖、石材等与装饰混凝土饰面的外观质量应符合设计要求或国家现行有关标准的规定。

检查数量：按批检查。

检验方法：观察或轻击检查；与样板比对。

4）预埋件

预制构件上的预留孔洞、预留钢筋、预埋件、预埋管线等规格型号、数量应符合设计要求，偏差允许范围见表 5-1-3。

检查数量：按批检查。

检验方法：观察、尺量；检查产品合格证。

预制构件偏差允许范围　　表 5-1-3

项　次	检查项目		允许偏差（mm）	检验方法
1	预留孔	中心线位置偏移	5	用尺量测纵横两个方向的中心线位置，取其最大值
		孔尺寸	±5	用尺量测纵横两个方向尺寸，取其最大值
2	预留洞	中心线位置偏移	5	用尺量测纵横两个方向的中心线位置，取其最大值
		洞口尺寸、深度	±5	用尺量测纵横两个方向尺寸，取其最大值
3	预留钢筋	中心线位置偏移	3	用尺量测纵横两个方向的中心线位置，取其中最大值
		外露长度	±5	用尺量
4	吊环、木砖	中心线位置偏移	10	用尺量测纵横两个方向的中心线位置，取其最大值
		留出高度	0，−10	用尺量
5	桁架钢筋高度		＋5，0	用尺量

5）预制构件尺寸偏差

预制板、预制墙板、预制梁柱构件外形尺寸偏差及检验方法应分别符合表 5-1-4 的规定。

检查数量：按照进场检验批，同一规格（品种）的预制构件每次抽检数量不应少于该规格（品种）数量的 5% 且不少于 3 件。

预制构件尺寸偏差及质量检查方法　　表 5-1-4

项　目			允许偏差（mm）	检查方法
长度	板、梁、柱、桁架	＜ 12m	±5	尺量检查
		≥ 12m 且＜ 18m	±10	
		≥ 18m	±20	
宽度、高（厚）度	板、梁、柱、桁架截面尺寸		±5	钢尺量一端及中部，取其中偏差绝对值较大处
	墙板的高度、厚度		±3	

续表

项目		允许偏差（mm）	检查方法
表面平整度	板、梁、柱、墙板内表面	5	2m 靠尺和塞尺检查
	墙板外表面	3	
侧向弯曲	板、梁、柱	$L/750$ 且≤ 20	拉线、钢尺量最大侧向弯曲
	墙板、桁架	$L/1000$ 且≤ 20	
翘曲	板	$L/750$	调平尺在两端量测
	墙板	$L/1000$	
对角线差	板	10	钢尺量两个对角线
	墙板、门窗口	5	
挠度变形	梁、板、桁架设计起拱	±10	拉线、钢尺量最大弯曲处
	梁、板、桁架下垂	0	
预留孔	中心线位置	5	尺量检查
	孔尺寸	±5	
预留洞	中心线位置	5	尺量检查
	洞口尺寸、深度	±5	
门窗口	中心线位置	5	尺量检查
	宽度、高度	±3	
预埋件	预埋件钢筋锚固板中心线位置	5	尺量检查
	预埋件钢筋锚固板与混凝土面平面高差	0，−5	
	预埋螺栓中心线位置	2	
	预埋螺栓外露长度	±5	
	预埋套筒、螺母中心线位置	2	
	预埋套筒、螺母与混凝土面平面高差	0，−5	
	线管、电盒、木砖、吊环在构件平面的中心线位置偏差	20	
	线管、电盒、木砖、吊环与构件表面混凝土高差	0，−10	
预留插筋	中心线位置	3	尺量检查
	外露长度	＋5，0	
键槽	中心线位置	5	尺量检查
	长度、宽度、深度	±5	

6）预制装饰构件外观尺寸

预制装饰构件的外观尺寸偏差和检验方法应符合设计要求。

检查数量：按照进场检验批，同一规格（品种）的构件每次抽检数量不应少于该规格（品种）数量的 10% 且不少于 5 件。

5.2 预制构件安装过程质量控制

1. 预制构件连接安装控制点

(1) 竖向构件定位

1) 钢筋定位

预制构件无论采用套筒灌浆，还是采用浆锚连接，都对钢筋定位有着十分严格的要求，若钢筋出现较大偏差，则会导致上部构件无法安装到位。因此，在完成测量作业后，施工技术人员必须利用钢筋定位装置对预留的竖向钢筋严格复核，并对存在偏位的钢筋校正处理，校正后的预留钢筋中心位置偏差为 0～±3mm，从而有效确保预制构件能够实现顺利安装。常用钢筋定位见图 5-2-1。

木枋定位

钢板定位

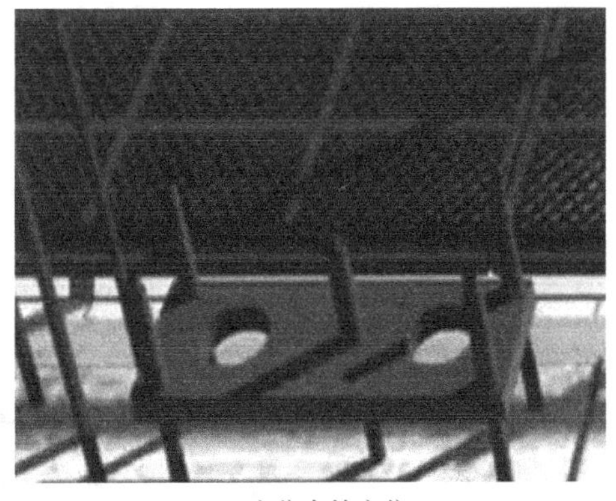

定位套筒定位

钢板定位

图 5-2-1　常用钢筋定位

2) 墙板定位

为确保后续的灌浆质量，在预制剪力墙构件安装连接之前，应对预制构件拼缝位置的浮尘、杂质进行清理，并复核预留钢筋中心位置及其他预埋件尺寸偏差，如图 5-2-2 所示。使用水准仪及塔尺，通过调节预制构件标高螺栓或硬质垫片，确保构件底部高程达到设计板底标高，见图 5-2-3。预制外墙板安装连接前，还应在安装位置周边放置大号 PE 条或橡胶条，见图 5-2-4。

图 5-2-2　钢筋位置复核与拼缝位置清理

图 5-2-3　硬质垫片调节标高螺栓

图 5-2-4　放置大号 PE 条或橡胶条

根据竖向预制构件平面布置图及吊装顺序图，对竖向预制构件进行吊装就位，竖向预制构件初步就位后立即安装斜支撑，每块竖向预制构件用不少于 2 根斜支撑进行固定并作为调节垂直的工具，斜支撑安装在竖向预制构件的同一侧面，支撑点距离板底不宜小于预制构件高度的 2/3，且不应小于预制构件高度的 1/2。安装好斜支撑后，通过微调调整预制构件，然后使用 2m 靠尺或线坠进行预制构件垂直调整，确保其满足规范要求。见图 5-2-5～图 5-2-10。

图 5-2-5　预制构件初步就位

图 5-2-6　安装斜支撑

图 5-2-7　拆除卸扣

图 5-2-8　靠尺检查垂直度

图 5-2-9　线坠量测垂直度

图 5-2-10　利用斜撑调整垂直度

3）预制柱定位

对于预制柱的质量控制工作应重点关注以下几个环节：吊装前对柱底部灌浆套筒、安装部位底部进行清理，根据基准放样及预制柱边线放样和钢筋位置复核，做好预制柱钢筋的定位校正，并提前绘制好预制柱头梁端位置线。

2. 预制构件连接安装验收要点

根据《混凝土结构工程施工质量验收规范》GB 50204 的规定：预制构件的安装与连接质量的检查验收包含主控项目及一般项目，其中主控项目有：预制构件的临时固定措施、专项施工方案、混凝土的强度、灌浆的质量、灌浆料的质量以及防水施工的质量等；一般项目主要有：质量检查检验方法及装配式混凝土建筑外观饰面施工质量满足要求。

（1）主控项目

1）预制构件临时固定措施应符合设计、专项施工方案要求及国家现行有关标准的规定。

检查数量：全数检查。

检验方法：观察检查，检查施工方案、施工记录或设计文件。

2）装配式结构采用后浇混凝土连接时，预制构件连接处后浇混凝土的强度应符合设计要求。

检查数量：按批检验。

检验方法：应符合现行国家标准《混凝土强度检验评定标准》GB/T 50107 的有关规定。

3）钢筋采用套筒灌浆连接、浆锚搭接连接时，灌浆应饱满、密实，所有出口均应出浆，有关灌浆施工的相关知识在本文的后面内容将做详细的介绍。

检查数量：全数检查。

检验方法：检查灌浆施工质量检查记录、有关检验报告。

4）钢筋套筒灌浆连接及浆锚搭接连接用的灌浆料强度应符合国家现行有关标准的规定及设计要求。

检查数量：按批检验，以每层为一检验批；每工作班应制作 1 组且每层不应少于 3 组 40mm×40mm×160mm 的长方体试件，标准养护 28d 后进行抗压强度试验。

检验方法：检查灌浆料强度试验报告及评定记录。

5）预制构件底部接缝坐浆强度应满足设计要求。

检查数量：按批检验，以每层为一检验批；每工作班同一配合比应制作 1 组且每层不应少于 3 组边长为 70.7mm 的立方体试件，标准养护 28d 后进行抗压强度试验。

检验方法：检查坐浆材料强度试验报告及评定记录。

6）钢筋采用机械连接时，其接头质量应符合现行行业标准《钢筋机械连接技术规程》JGJ 107 的有关规定。

检查数量：应符合现行行业标准《钢筋机械连接技术规程》JGJ 107 的有关规定。

检验方法：检查钢筋机械连接施工记录及平行试件的强度试验报告。

7）钢筋采用焊接连接时，其焊缝的接头质量应满足设计要求，并应符合现行行业标准《钢筋焊接及验收规程》JGJ 18 的有关规定。

检查数量：应符合现行行业标准《钢筋焊接及验收规程》JGJ 18 的有关规定。

检验方法：检查钢筋焊接接头检验批质量验收记录。

8）预制构件采用型钢焊接连接时，型钢焊缝的接头质量应满足设计要求，并应符合现行国家标准《钢结构焊接规范》GB 50661 和《钢结构工程施工质量验收规范》GB 50205 的有关规定。

检查数量：全数检查。

检验方法：应符合现行国家标准《钢结构工程施工质量验收规范》GB 50205 的有关规定。

9）预制构件采用螺栓连接时，螺栓的材质、规格、拧紧力矩应符合设计要求及现行国家标准《钢结构设计标准》GB 50017 和《钢结构工程施工质量验收规范》GB 50205 的有关规定。

检查数量：全数检查。

检验方法：应符合现行国家标准《钢结构工程施工质量验收规范》GB 50205 的有关规定。

10）装配式结构分项工程的外观质量不应有严重缺陷，且不得有影响结构性能和使用功能的尺寸偏差。

检查数量：全数检查。

检验方法：观察、量测；检查处理记录。

预制外墙板接缝的防水性能应符合设计要求。

检验数量：按批检验。每 1000m^2 外墙（含窗）面积应划分为一个检验批，不足 1000m^2 时也应划分为一个检验批；每个检验批应至少抽查 1 处，抽查部位应为相邻两层 4 块墙板形成的水平和竖向十字接缝区域，面积不得少于 10m^2。

检验方法：检查现场淋水试验报告。

（2）一般项目

1）装配式结构分项工程的施工尺寸偏差及检验方法应符合设计要求；当设计无要求时，应符合表 5-2-1 的规定。

装配式结构分项工程的施工尺寸偏差及检验方法　　表 5-2-1

<table>
<tr><th colspan="3">项目</th><th>允许偏差（mm）</th><th>检验方法</th></tr>
<tr><td rowspan="2">构件轴线位置</td><td colspan="2">竖向构件（柱、墙板、桁架）</td><td>8</td><td rowspan="2">经纬仪及尺量</td></tr>
<tr><td colspan="2">水平构件（梁、楼板）</td><td>5</td></tr>
<tr><td>标高</td><td colspan="2">梁、柱、墙板、楼板底面或顶面</td><td>±5</td><td>水准仪或拉线、尺量</td></tr>
<tr><td rowspan="2">构件垂直度</td><td rowspan="2">柱、墙板安装后的高度</td><td>≤ 6m</td><td>5</td><td rowspan="2">经纬仪或吊线、尺量</td></tr>
<tr><td>> 6m</td><td>10</td></tr>
<tr><td>构件倾斜度</td><td colspan="2">梁、桁架</td><td>5</td><td>经纬仪或吊线、尺量</td></tr>
<tr><td rowspan="4">相邻构件平整度</td><td rowspan="2">梁、楼板底面</td><td>外露</td><td>3</td><td rowspan="4">2m 靠尺和塞尺测量</td></tr>
<tr><td>不外露</td><td>5</td></tr>
<tr><td rowspan="2">柱、墙板</td><td>外露</td><td>5</td></tr>
<tr><td>不外露</td><td>8</td></tr>
<tr><td>构件搁置长度</td><td colspan="2">梁、板</td><td>±10</td><td>尺量</td></tr>
<tr><td>支座、支垫</td><td colspan="2">板、梁、柱、墙板、桁架</td><td>10</td><td>尺量</td></tr>
<tr><td colspan="3">墙板接缝宽度</td><td>±5</td><td>尺量</td></tr>
</table>

检查数量：按楼层、结构缝或施工段划分检验批。同一检验批内，对梁、柱，应抽查构件数量的 10%，且不少于 3 件；对墙和板，应按有代表性的自然间抽查 10%，且不少 3 间；对大空间结构，墙可按相邻轴线间高度 5m 左右划分检查面，板可按纵、横轴线划分检查面，抽查 10%，且均不少于 3 面。

2）装配式混凝土建筑的饰面外观质量应符合设计要求，并应符合现行国家标准《建筑装饰装修工程质量验收标准》GB 50210 的有关规定。

检查数量：全数检查。

检验方法：观察、对比量测。

5.3　吊装施工常见问题处理

本节重点对预制构件吊装施工过程中出现的常见问题进行介绍，详细说明预制构件安装过程出现的质量问题、质量问题的成因，以及今后在吊装施工中的控制措施。

1. 预制构件质量问题

（1）预埋位置偏差、移位

1）问题描述

预埋线盒偏位、下沉（图 5-3-1）。

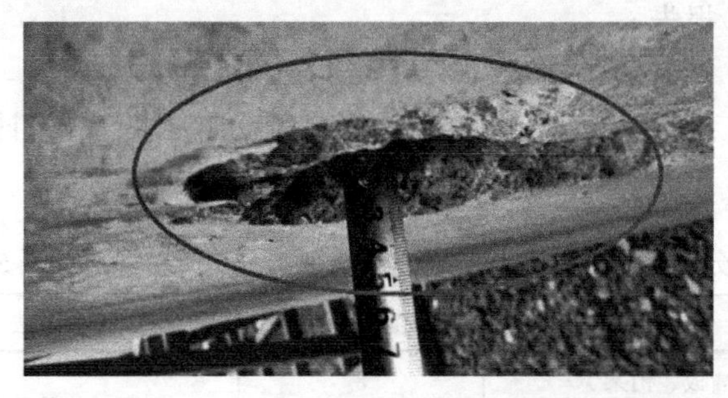

图 5-3-1　预埋线盒偏位、下沉

2）基本要求

《装配式混凝土结构技术规程》JGJ 1—2014 规定：预埋线管、盒在构件平面的中心线位置偏差 20mm，高差 0～10mm。

3）原因分析

① 线盒固定不牢靠，混凝土浇筑或振捣时线盒发生移位。

② 混凝土振捣碰触线盒。

4）控制要点

① 预制构件上表面预埋线盒底部必须增加支撑。

② 混凝土振捣时，要求严禁碰触预埋线管、线盒。

（2）预制构件表面气孔麻面（图 5-3-2）

图 5-3-2　预制构件表面气孔麻面

1）问题描述

预制构件外表面气孔数量多、孔径大，麻面。

2）原因分析

① 采用油脂类隔离剂，导致混凝土浇筑后，多油脂部位易形成气孔。

② 模台清理不干净，涂刷隔离剂后，模台表面易形成凸起部位，混凝土浇筑、硬化后，易形成气孔。

③ 混凝土振捣不密实。

3）控制要点

① 采用水性隔离剂或油性隔离剂代替油脂。

② 涂刷隔离剂前，必须将模台清理干净，钢筋绑扎及预埋工序使用跳板，不允许工人在涂过隔离剂的模台上行走。

③ 对工人进行混凝土振捣技术交底，并持续一周对振捣工序进行旁站。

（3）预制构件表面裂纹

1）问题描述

混凝土预制构件外表面裂纹（图 5-3-3）。

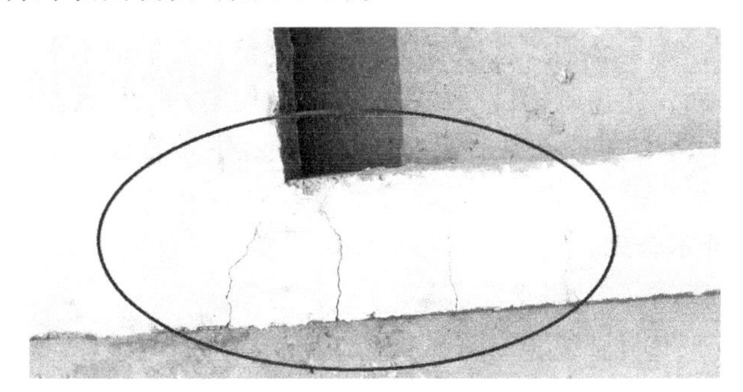

图 5-3-3　预制构件表面裂纹

2）原因分析

① 门窗洞口等位置，设计图纸中未按规范要求设置加强筋。

② 起吊运输前未按照设计对预制构件进行加固。

3）控制要点

① 门窗洞口等位置，按规范要求设置加强筋（图 5-3-4）。

② 起吊运输前，必须按照设计要求进行构件加固，检查合格后方可起吊运输。

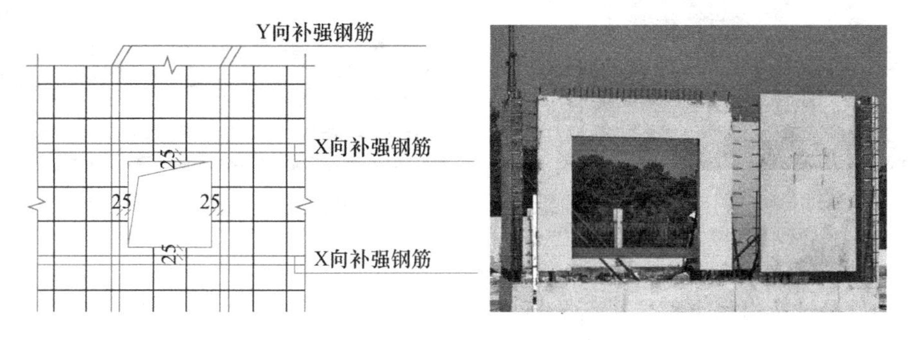

图 5-3-4　洞口布置加强筋

4）预置构件到场验收、堆放问题

① 问题描述

现场随意堆放预制构件，预制构件堆放缺少垫块（图 5-3-5），预制构件堆放时垫块不在一条垂直线上（图 5-3-6）。

图 5-3-5　预制构件堆放缺少垫块

图 5-3-6　垫块不在一条垂直线上

② 处理措施

预制构件堆放时，一是必须要求堆放场地比较平整，若场地不平，则须调整垫块，保证底层垫块在同一平面，使预制构件摆放平整，受力均匀；二是预制叠合板堆放不宜超过 6 层；三是板与板之间不能缺少垫块，且竖向垫块须在一条直线上，所有垫块须满足规范要求。

5）吊点位置设计不合理

① 问题描述

现场吊装过程中产生明显裂缝（图 5-3-7），预制构件产生破坏。

② 原因分析

A. 预制构件本身设计不合理。

B. 吊点设计不合理（图 5-3-8）。

图 5-3-7　吊装过程中产生明显裂缝

图 5-3-8　吊点设计不合理

③ 处理措施

A. 构件设计时对吊点位置进行分析计算，确保吊装安全，吊点合理。

B. 对于漏埋吊点或吊点设计不合理的预制构件应返厂处理。

2. 吊装质量问题及处理

（1）预制墙板吊装偏位

1）问题描述

预制墙板偏位比较严重，严重影响工程质量。

2）原因分析

① 预制墙板安装时未严格按照控制线进行控制，导致预制墙板落位后偏位（图 5-3-9）。

② 预制墙板本身存在一定质量问题，厚度不一致（图 5-3-10）。

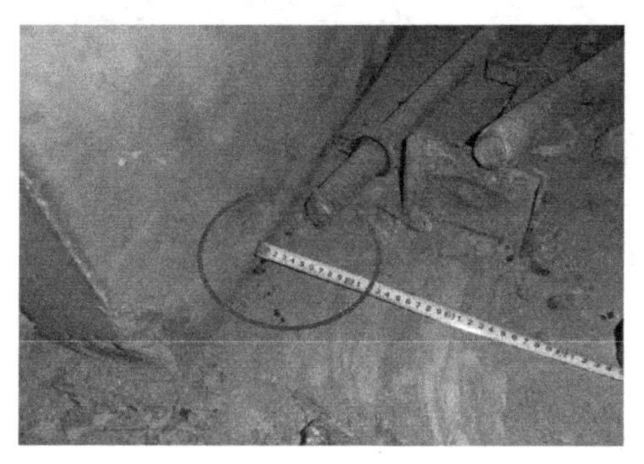

图 5-3-9　预制墙板落位后偏位

图 5-3-10　预制墙板两面墙厚度不一致

3）处理措施

①校正预制墙板位置。

②施工单位加强现场施工管理，避免发生类似问题。

③监理单位加强现场检查监督工作。

（2）预制构件管线遗漏、与现场预留不符

1）问题描述

现场发现部分预制构件预埋管线缺少、偏位等现象（图 5-3-11 和图 5-3-12），造成现场安装时需要在预制构件凿槽等问题，容易破坏预制构件。

图 5-3-11　预制构件预埋管线缺少

图 5-3-12　预制构件预埋管线偏位

2）原因分析

① 构件加工过程中预埋管线遗漏。

② 管线安装未按图施工。

③ 误吊或错吊预制构件。

3）处理措施

加强管理，预埋管线必须按图施工，不得遗漏，在浇筑混凝土前加强检查。

（3）预制构件钢筋偏位（图 5-3-13）

图 5-3-13　预制构件钢筋偏位

1）原因分析

① 楼面混凝土浇筑前竖向钢筋未限位和固定。

② 楼面混凝土浇筑、振捣使得竖向钢筋偏移。

2）预防措施

① 根据预制构件编号用钢筋定位框进行限位，适当采用撑筋撑住钢筋框，以保证钢筋位置准确。

② 混凝土浇筑完毕后，根据插筋平面布置图及现场预制构件边线或控制线，对现场预制墙（柱）构件插筋进行中心位置复核，对中心位置偏差超过 10mm 的插筋应根据图纸进行适当的校正。

（4）钢筋连接问题

1）问题描述

竖向预制构件水平连接节点，当使用钢筋螺纹套筒连接时，由于钢筋开丝质量差或螺纹套筒安装不到位等情况，会出现螺纹连接脱节的现象，如图 5-3-14 所示。另外，由于现浇时预留钢筋位置的偏差，或未重视对预留钢筋的保护，会造成水平节点暗柱部分的竖向钢筋出现弯折现象，如图 5-3-15 所示。

2）原因分析

图 5-3-14　螺纹连接脱节

图 5-3-15　竖向弯折严重

① 钢筋套筒连接时工人操作不到位。

② 现场监督管理不到位。

3）处理措施

① 钢筋套筒接头在平台混凝土浇筑时加强保护，避免造成污染。

② 钢筋连接时，工人应对连接用套筒清洗、涂油，保证套筒连接质量符合规范要求。

③ 管理人员要加强现场管理，对每个套筒连接处加强检查，监理要做好旁站工作，相关人员做好复检，发现问题要及时整改。

（5）密口砂浆过厚

1）问题描述

楼梯井处预制外墙水平缝密口砂浆过厚，严重影响灌浆质量。

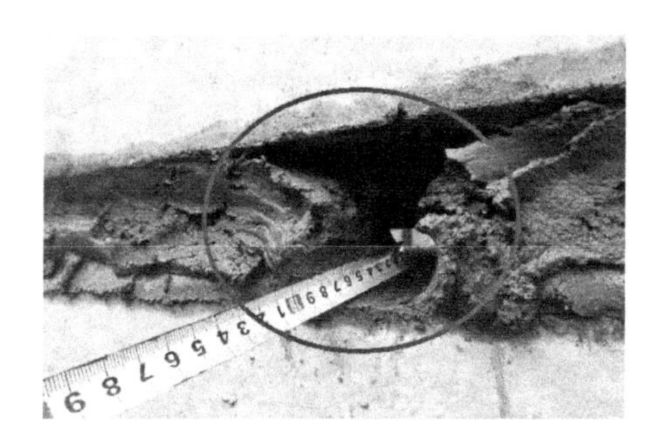

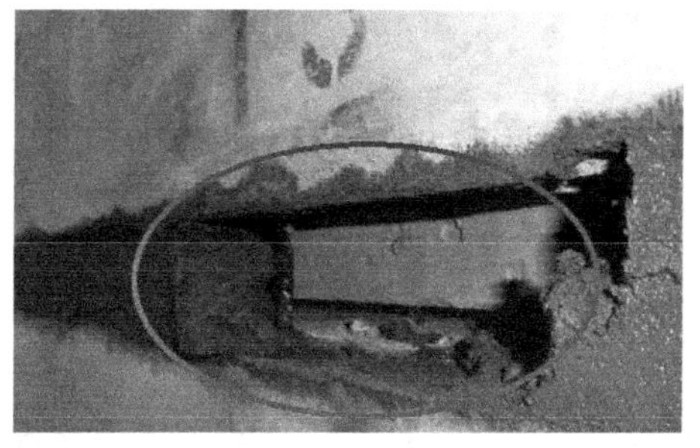

图 5-3-16　密口砂浆过厚

2）原因分析

① 此部位下层预制构件未留企口，导致水平缝隙过大。

② 施工单位管理失职。

3）处理措施

① 重新采取封堵措施，并将处理方案报监理、甲方工程部审核通过后实施。

② 要求施工单位加强现场管理，严禁密口砂浆过厚导致灌浆质量无法保证。

③ 对于密口砂浆的厚度、密口砂浆所占体积等相关指标须有明确规定，以便现场验收。

（6）主筋不在箍筋内

1）问题描述

节点处墙体主筋不在箍筋内（图 5-3-17），给结构安全带来隐患。

图 5-3-17　主筋不在箍筋内

2）原因分析

① 主筋偏位。

② 预制加工厂预留箍筋长度不足。

3）处理措施

① 采取相应的加强补救措施。

② 加强现场施工管理，避免出现钢筋偏位现象。

③ 将信息及时反馈给加工厂，重新设计箍筋外伸长度，避免再次发生类似问题。

（7）预制叠合板裂缝（图 5-3-18）

1）原因分析

预制叠合板养护时间不够，叠合板尚未达到规定强度。

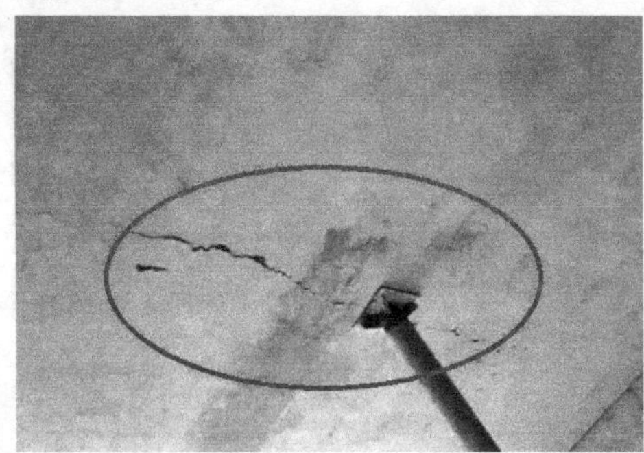

图 5-3-18　预制叠合板裂缝

2）处理措施

① 要求施工单位重新更换合格的预制叠合板。考虑现场进度，可以出具相关专项修补方案报监理、甲方审批通过后进行整改。

② 要求施工单位加强现场管理，预制叠合板必须达到强度的 100% 方可进行拆模吊装。

③ 监理单位加强现场检查监督工作。

（8）ALC 板在搬运安装过程中易破损（图 5-3-19）

图 5-3-19　ALC 板在搬运安装过程中易破损

解决办法：尽量减少搬运次数，轻拿轻放，采用绑带起吊安装（严禁用钢丝绳捆绑吊装）。

（9）ALC 修补位置易脱落（图 5-3-20）

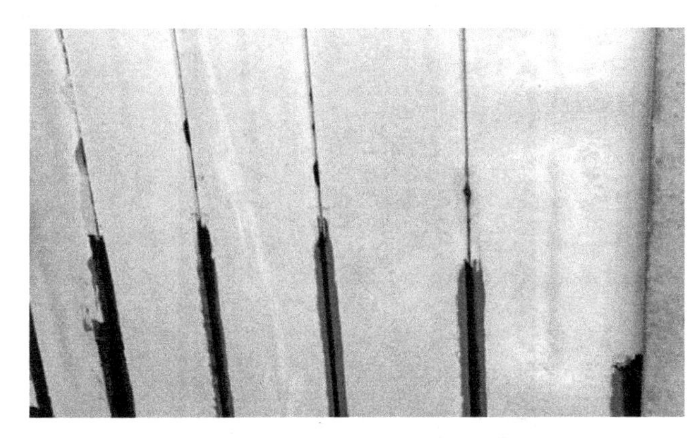

图 5-3-20　修补位置易脱落

补救解决办法：控制好预制 ALC 板结构尺寸；下料前复核现场实际尺寸以缩小填补空隙；采用专用修补材料并根据不同条件掺入 108 胶或其他添加剂等。

（10）接缝处出现细微的竖向裂缝（图 5-3-21）

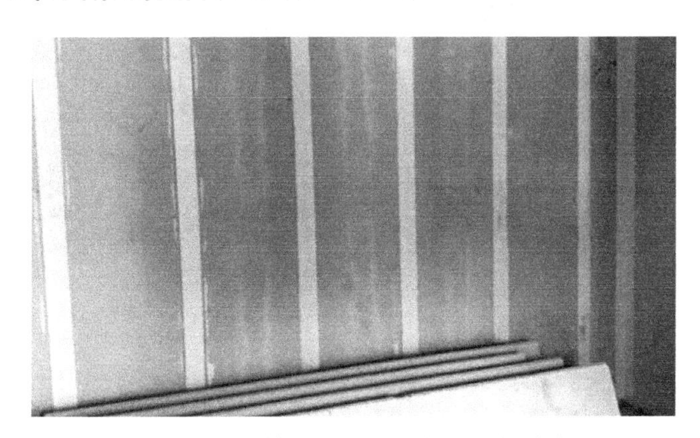

图 5-3-21　接缝处出现细微的竖向裂缝

补救解决办法：接缝处的裂缝大多数是竖向裂缝，其产生的主要原因是填充墙为刚性结构，不能与混凝土主体结构协同变形；另一面由于钢筋混凝土结构与加气混凝土结构膨胀温度线系数的差异，当温度变化后出现变形差。对于已完工程，杜绝或减小钢筋混凝土结构的温差变形是不现实的。

解决问题的关键在于使填充墙与框架结构形成整体，并具有一定的应变能力。

（11）抹灰层易空鼓（图 5-3-22）

补救解决办法：抹灰用强度等级不小于 32.5 级的硅酸盐水泥或普通硅酸盐水泥；水泥砂浆配合比为 1∶3；淡水、中砂的含泥量不超过 3%，使用前应过筛。

抹灰程序为：表面清扫干净→喷一道 EC 处理剂→通抹底灰一遍→喷防裂剂一道→中层底糙灰。

抹灰应分层进行，底层抹灰第一层厚约 10mm（以埋住钢丝为准）。第二层厚 8～10mm，施工时只能单面进行；施工一面时，另一面用支撑支牢，不允许预制轻质墙体出现不平整现象。另一面抹灰应待 48h 后进行，抹灰后及时养护。

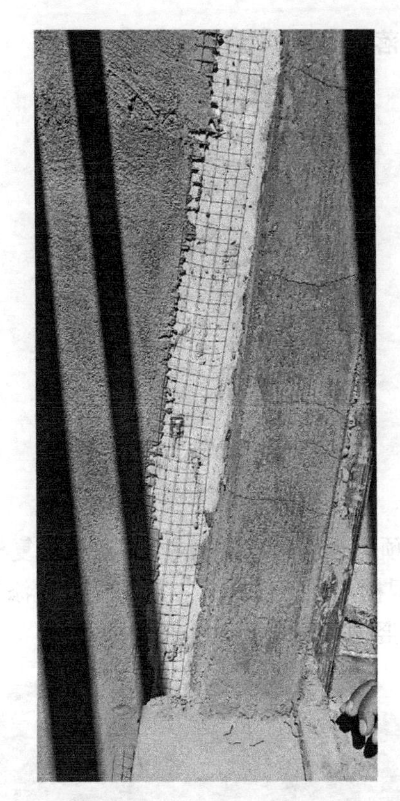

图 5-3-22　抹灰层易空鼓

练习与思考

一、填空题

1. 预制构件成品保护的内容主要包括：__________、__________、__________等。

2. 预制构件进场时，其质量检查内容包括：__________和__________、__________、__________。

3. 预制构件应在明显部位标明__________、__________、__________和构件生产单位验收标志。

4. 装配式混凝土建筑的饰面外观质量应符合设计要求，并应符合现行国家标准，对于外观质量的检查使用的方法是__________。

5. 预制构件质量控制的主控项目包括__________、__________、严重质量缺陷、面砖饰面材料。

6. 对大型构件及有可靠应用经验的构件，可只进行__________、抗裂和__________。

7. 预制构件进场时，__________及__________应严格按照相关规范标准要求组织验收，防止因厂方质量控制不力，对装配式建筑的施工质量造成影响。

二、选择题

1. 梁板类简支受弯预制构件进场，应根据相关规范要求应进行（　　）。

A. 堆载试验　　B. 结构性能检验

C. 型式检验　　D. 外形尺寸检验

2. 预制构件表面预贴饰面砖、石材等饰面与混凝土的粘结性能应符合设计和国家现行有关标准的规定，其检查的数量是（　　）。

A. 按批检查　　B. 按面积检查

C. 按重量检查　　D. 按材料检查

3. 预埋孔洞的检查时用尺量测纵横两个方向的中心线位置取其中较大值，预埋孔洞的中心线位置允许偏差为（　　）。

A. 2mm　　B. 3mm

C. 4mm　　D. 5mm

4. 预制板、梁、柱等构件宽度及厚度截面尺寸的允许偏差为（　　）。

A. ±5mm　　B. ±4mm

C. ±3mm　　D. ±2mm

5. 预制构件采用套筒灌浆技术或浆锚间接连接技术时，对钢筋的定位有较高要求，钢筋偏差较大时，上部预制构件套筒无法安装就位，因此，规范要求现浇结构施工后预留钢筋中心位置偏差小于（　　）。

A. 2mm　　B. 3mm

C. 4mm　　D. 5mm

6. 竖向构件初步就位后立即安装斜支撑，每块竖向构件用不少于（　　）根斜支撑进行固定并作为垂直调节工具。

A. 4　　B. 3

C. 2　　D. 1

7. 斜支撑安装在竖向构件的同一侧面，支撑点距离板底的距离不宜小于构件高度的（　　），且不应小于构件高度的1/2，安装好斜支撑后，通过微调调整预制构件进出，然后使用2m靠尺或线锤进行预制构件垂直调整，确保满足规范要求。

A. 2/3　　B. 3/4

C. 1/3　　D. 1/5

8. 外墙板接缝的防水性能应符合设计要求，每（　　）外墙面积应划分为一个检验批。

A. $1000m^2$　　B. $500m^2$

C. $200m^2$　　D. $100m^2$

9. 装配式结构分项工程的施工尺寸偏差及检验方法应符合设计要求，对墙和板应按有代表性的自然间抽查10%，且不少（　　）间。

A. 2　　B. 3

C. 4　　D. 5

10.《装配式混凝土结构技术规程》JGJ 1—2014规定：预埋线管、盒在构件平面的中心线位置偏差为（　　），高差为0～10mm。

A. 20mm　　B. 30mm

C. 40mm　　D. 50mm

三、简答题

1. 请简述与埋线盒出现偏位或者下沉的原因。
2. 请简述预制外墙防水检验的数量、检验批及具体的检验方法。
3. 请简述预制混凝土构件外表面气孔数量多、孔径大、麻面的原因及处理方法。
4. 请简述预制构件吊装质量控制要点主要有哪些。
5. 请简述预制构件连接安装时，应着重对哪些项目进行验收。

第 6 章　装配式建筑浆锚连接技术概述

6.1　金属波纹管浆锚连接技术

NPC 体系简介

2007 年，中南控股集团有限公司与澳大利亚康诺克公司合作，引进了全预制装配整体式剪力墙结构体系（NPC 体系）。NPC 浆锚插筋连接如图 6-1-1 所示。在上部构件中预埋金属波纹管，施工时，将下部构件钢筋插入波纹管中，再将高强无收缩灌浆料注入波纹管中养护至规定时间，即完成钢筋的连接。

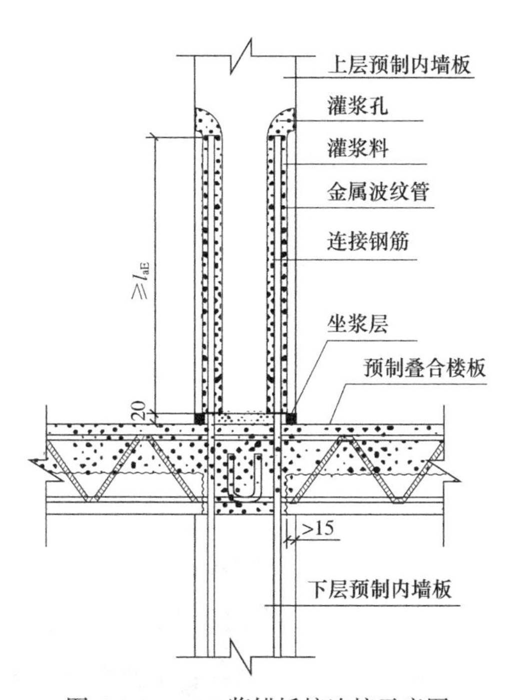

图 6-1-1　NPC 浆锚插接连接示意图

NPC 浆锚钢筋搭接是装配式混凝土结构钢筋竖向连接形式之一，即在混凝土中预埋波纹管，待混凝土达到要求强度后，钢筋穿入波纹管，再将高强度无收缩灌浆料灌入波纹管养护，起到锚固钢筋的作用。这种钢筋浆锚体系属多重界面体系，即钢筋与锚固材料（灌浆料）的界面体系、锚固材料与波纹管界面体系以及波纹管与原构件混凝土的界面体系。因此，锚固力不仅与锚固材料和钢筋的握裹力有关，还与波纹管和锚固材料、波纹管和混凝土之间的连接有关。

6.2　螺旋钢筋浆锚连接技术

2008年哈尔滨工业大学与黑龙江宇辉集团合作，研发了插入式预留孔灌浆钢筋搭接连接技术，也叫螺旋钢筋浆锚连接技术，其连接如图6-2-1所示。上部预制构件预埋钢筋旁边预留有内壁粗糙的孔洞，孔洞上下分别预留排气孔和灌浆孔，孔洞外围配有螺旋箍筋。施工时，只需将下部构件钢筋插入预留孔洞中进行压力灌浆即可实现钢筋的连接。

钢筋搭接连接的基础在于钢筋与混凝土之间的粘结锚固性能，钢筋与混凝土共同工作才能承担外部荷载。在试件受到外部荷载，混凝土内部裂缝开展时，钢筋与混凝土之间的粘结作用将会逐渐被破坏，由于“插入式预留孔灌浆钢筋搭接连接”这种约束浆锚钢筋搭接连接方式中螺旋箍筋起到了套箍作用，可以有效地抑制混凝土裂缝的开展，提高粘结强度，使混凝土和钢筋可以继续共同工作。从前期试验结论看，这种约束浆锚钢筋搭接连接是安全可靠的，配置一定量的螺旋箍筋，可以减少搭接长度。

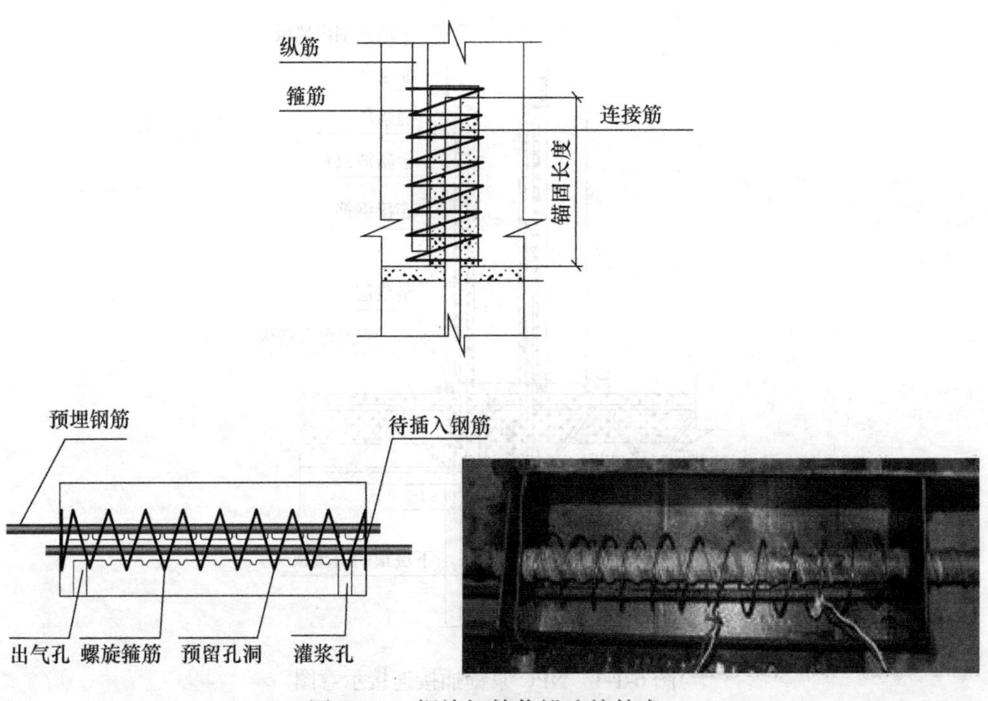

图6-2-1　螺旋钢筋浆锚连接技术

6.3　集束式钢筋浆锚连接技术

1. 集束式钢筋浆锚连接简介

从2010年开始，南京大地集团与东南大学等单位联合成立课题公关组，专题研究应用较多的装配式剪力墙连接方式，并经过大量的试验和试点工程的应用，成功研发了集束式钢筋浆锚连接装配式剪力墙结构体系。集束式钢筋浆锚连接技术（图 6-3-1），丰富了装配式剪力墙结构的连接方式，其施工工法顺利入选国家级工法。

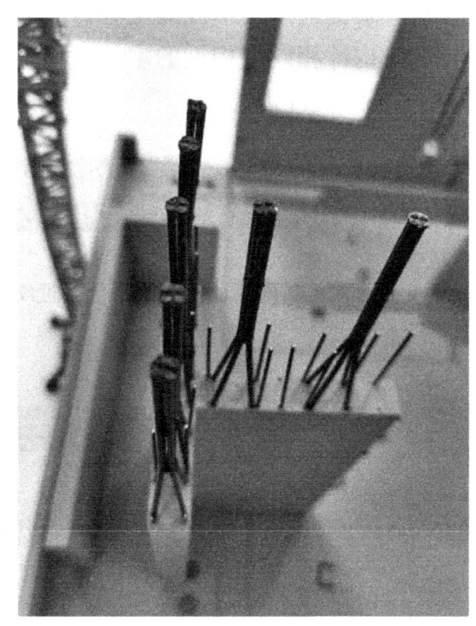

图 6-3-1　集束式钢筋浆锚连接技术

2. 集束式钢筋浆锚连接特点

通过试验模拟及实际工程项目的应用可以发现，集束式钢筋浆锚连接技术具有诸多的优势：

1）预制剪力墙竖向连接由原先分散的剪力墙钢筋集束于外加螺旋箍筋的波纹管内约束锚固，其制作工艺简单，施工安装方便。该结构体系的抗震性能满足国家抗震规范要求，可等同于现浇剪力墙结构。

2）竖向钢筋集中约束浆锚连接接头有效地降低预制剪力墙在安装过程中的就位难度，加快了安装速度。外加螺旋箍筋的波纹管制作简单、构造合理，锚接质量易于保证。

3）剪力墙的钢筋绑扎、模板支设、混凝土浇筑、养护和拆模等工序全部在专业工厂中进行，质量稳定可靠。各种预埋管、预埋线盒等位置准确度能有效保证，作业环境优良，大大减少现浇混凝土结构的质量通病。

6.4　波纹管与螺旋钢筋浆锚连接技术对比

两种约束浆锚连接都是通过非接触搭接的方式，将两构件的钢筋连接在一起，都采用预留孔洞的形式，如图 6-4-1 所示。但两种浆锚连接的不同之处主要有以下三点：

1）约束配置。采用插入式预留孔灌浆搭接时，在钢筋搭接区段外围配置有螺旋箍筋加强，而 NPC 浆锚插筋连接没有配置横向约束。

2）接缝构造不同。NPC 浆锚插筋连接外墙竖向接缝采用了外低内高的企口构造，具有防水功能，而插入式预留孔灌浆搭接只需在接缝处浇筑 20mm 的水平坐浆层。

3）成孔工艺不同。插入式预留孔灌浆搭接采用抽芯方式成孔，而 NPC 浆锚插筋连接采用埋置金属波纹管成孔。

两种约束浆锚连接技术在满足各自钢筋搭接长度要求的前提下，其相应的预制构件均能达到与现浇构件相同或相近的承载能力和抗震性能，且符合我国《装配式混凝土结构技术规程》JGJ 1 的设计理念。

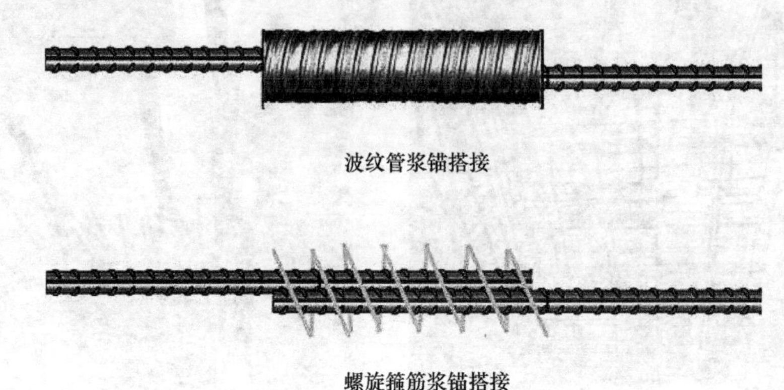

图 6-4-1　两种浆锚连接技术对比

练习与思考

一、填空题

1. 装配式竖向钢筋浆锚连接技术分为________、________和________。

2. __________是在混凝土中预埋波纹管，待混凝土达到要求强度后，钢筋穿入波纹管，再将高强度无收缩灌浆料灌入波纹管养护，以起到锚固钢筋的作用。

3. 约束浆锚钢筋搭接连接，配置一定量的__________，可以减少搭接长度。

4. __________外墙竖向接缝采用了外低内高的企口构造，具有防水功能。

5. 插入式预留孔灌浆搭接只需在__________浇筑 20mm 的水平坐浆层。

6. 剪力墙的钢筋绑扎、模板支设、混凝土浇筑、养护和拆模等工序全部在专业工厂中进行，质量稳定可靠，各种预埋管、预埋线盒等位置准确度能有效保证，作业环境优良，大大减少__________的质量通病。

7. 钢筋搭接连接的基础在于钢筋与混凝土之间的__________性能，钢筋与混凝土能够共同工作才能承担外荷载。

二、选择题

1. 下图表示的钢筋连接技术是（　　）。

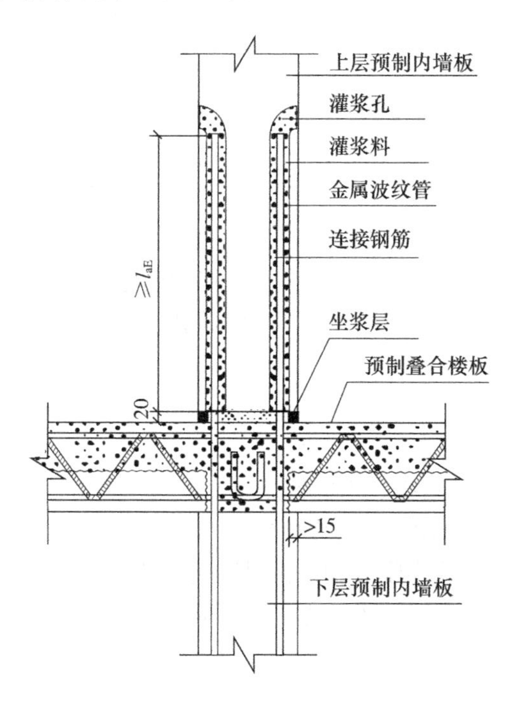

A. 集束式浆锚连接　　B. 螺旋钢筋浆锚连接
C. NPC 浆锚插筋连接　　D. 套筒灌浆连接

2. 以下不属于 NPC 浆锚钢筋搭接的特点是（　　）。

A. 机械性能稳定　　B. 可手动灌浆和机械灌浆
C. 更适合竖向钢筋连接　　D. 更省钢筋

3. NPC 浆锚钢筋搭接的特点——加水搅拌不具有什么特性（　　）。

A. 粘结性强　　B. 大流动度
C. 早强　　D. 高强微膨胀性

4. 下列不属于螺旋钢筋浆锚连接技术的组成是（　　）。

A. 波纹管　　B. 钢筋
C. 箍筋　　D. 灌浆料

5. 下列不属于集束式浆锚连接的特点是（　　）。

A. 耐久性强　　B. 施工方便
C. 制作工艺简单　　D. 构造合理

6. 下列钢筋连接方式中配置了横向约束的是（　　）。

A. 套筒灌浆　　B. 波纹管浆锚
C. 钢筋集束式浆锚　　D. 螺旋箍筋浆锚

7. 插入式预留孔灌浆搭接，在钢筋搭接区段外围配置有（　　）加强。

A. 螺旋箍筋　　B. 钢管
C. 钢丝绳　　D. 螺纹套筒

8. NPC 浆锚插筋连接外墙竖向接缝采用了外低内高的企口构造，具有防水功能，而插入式预留孔灌浆搭接只需在接缝处浇筑（　　）的水平坐浆层。

A. 10mm　　B. 20mm
C. 30mm　　D. 40mm

9. 下列（　　）属于螺旋钢筋浆锚连接方式的成孔方式。

A. 预埋套筒　　B. 机械打孔
C. 抽芯成孔　　D. 预埋波纹管

10. 波纹管与螺旋钢筋浆锚连接方式对比，相同之处是（　　）。

A. 约束配置　　B. 接缝构造
C. 搭接方式　　D. 成孔工艺

三、简答题

1. 请简述集束式浆锚连接技术的特点。
2. 请简述 NPC 浆锚钢筋搭接技术的特点。
3. 简述装配式建筑浆锚连接技术的种类。
4. 请简单绘制剪力墙结构中螺旋钢筋浆锚连接构造形式。
5. 简述波纹管与螺旋钢筋浆锚连接方式的不同之处。
6. 简述灌浆料试块 28d 的抗压强度要求。

第 7 章　装配式建筑套筒灌浆连接技术概述

7.1　套筒灌浆连接技术介绍

钢筋套筒灌浆连接技术是指带肋钢筋插入内腔为凹凸表面的灌浆套筒，通过向套筒与钢筋的间隙灌注专用高强水泥基灌浆料，灌浆料凝固后将钢筋锚固在套筒内，实现针对预制构件的一种钢筋连接技术。该技术将灌浆套筒预埋在混凝土构件内，在安装现场从预制构件外通过注浆管将灌浆料注入套筒，完成预制构件钢筋的连接，是预制构件中受力钢筋连接的主要形式，主要用于各种装配式混凝土结构的受力钢筋连接。例如，装配整体式框架结构中的柱—柱连接，如图 7-1-1 所示；装配整体式剪力墙结构中的剪力墙连接；如图 7-1-2 所示。另外，灌浆套筒也可用于梁—梁水平节点连接，如图 7-1-3 所示。

钢筋套筒灌浆连接接头由钢筋、灌浆套筒、灌浆料三部分组成，其中灌浆套筒分为半灌浆套筒和全灌浆套筒，半灌浆套筒连接的接头一端为灌浆连接，另一端为机械连接。

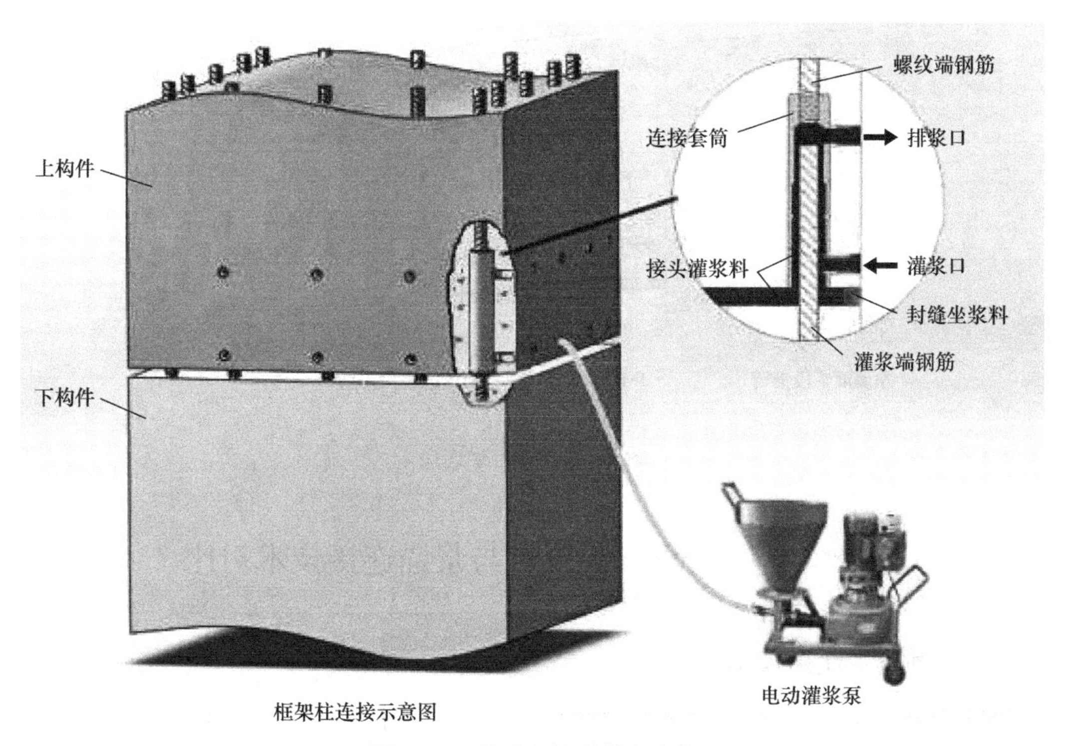

图 7-1-1　柱子与柱子纵向连接

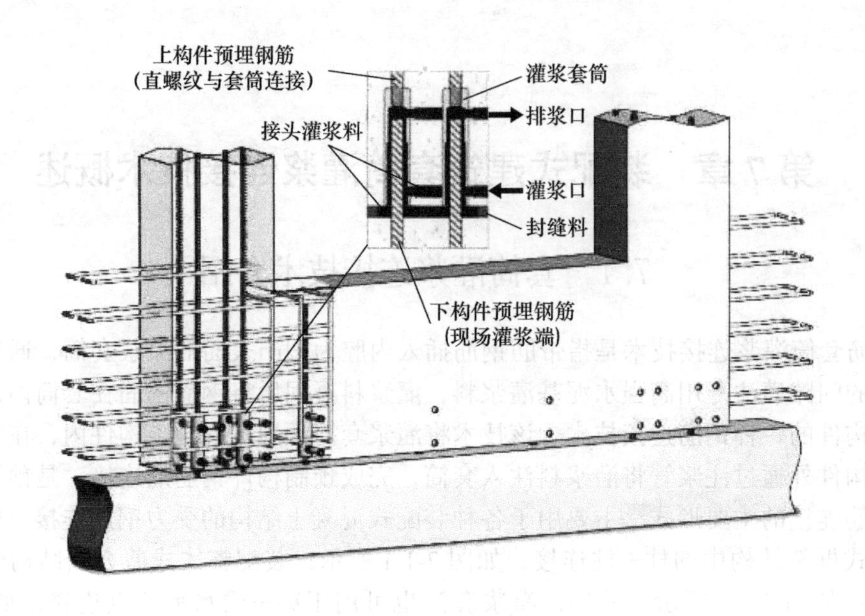

图 7-1-2　剪力墙与剪力墙、柱纵向连接

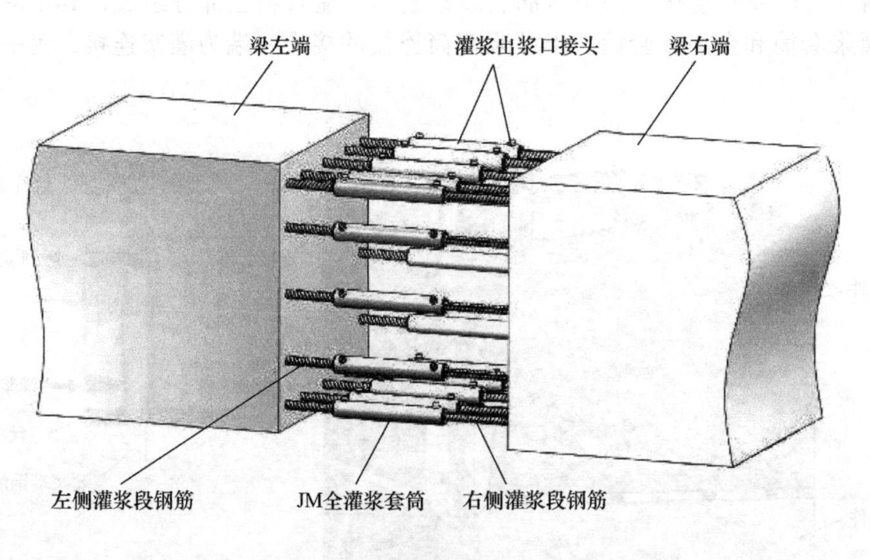

图 7-1-3　梁与梁连接

7.2　套筒灌浆连接技术与浆锚连接技术对比

1. 套筒灌浆连接技术

钢筋套筒灌浆连接的示意图见图 7-2-1。上层竖向构件在工厂预制时，其钢筋下端安装灌浆套筒，并与模板固定，引出灌浆孔和出浆孔；下层竖向构件上部钢筋预留一段长度，现场装配时将其伸入上层构件预埋灌浆套筒内；从套筒下部灌浆孔注入灌浆料，待灌

浆料从出浆孔溢出时停止灌浆，灌浆料硬化后即完成装配。

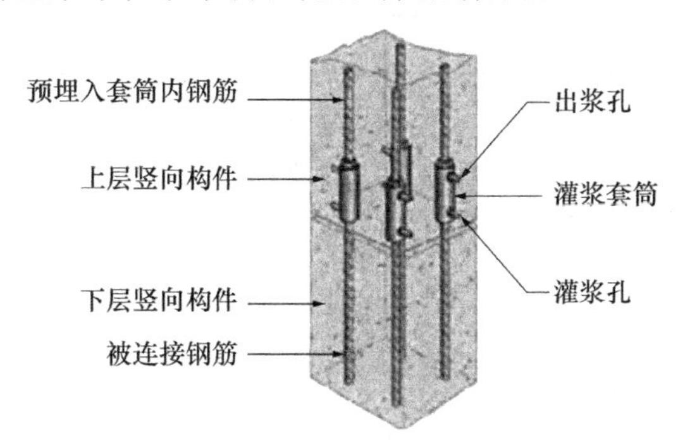

图 7-2-1　钢筋套筒灌浆连接的示意图

套筒灌浆连接分为全套筒灌浆连接和半套筒灌浆连接。图 7-2-2 是全套筒灌浆的示意图，其是指使用全灌浆套筒，且两端均通过专用灌浆料连接钢筋。图 7-2-3 是半套筒灌浆的示意图，其是指使用半灌浆套筒，一端通过专用灌浆料连接钢筋，另一端通过机械连接方式连接钢筋。

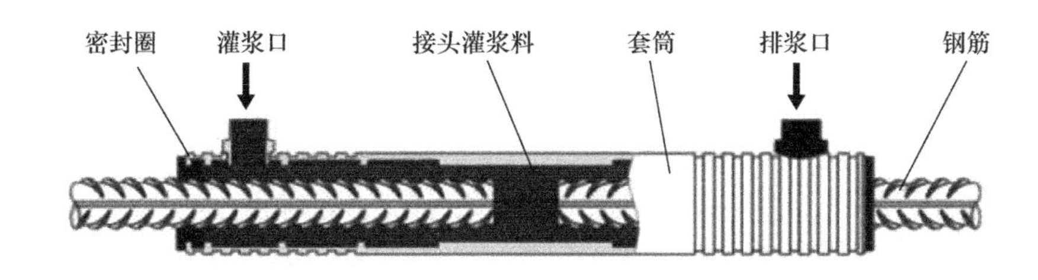

图 7-2-2　全套筒灌浆的示意图

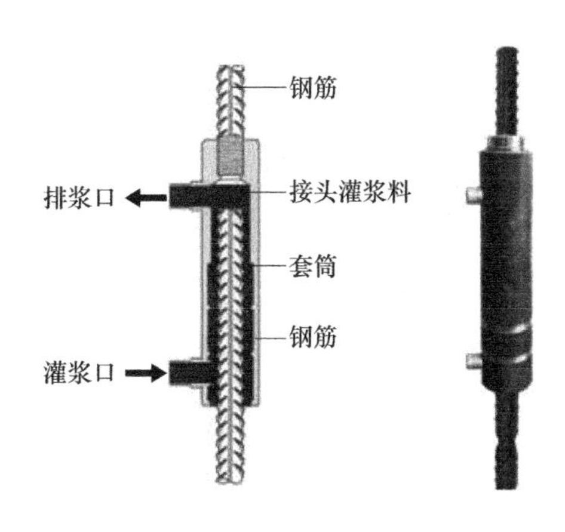

图 7-2-3　半套筒灌浆的示意图

2. 套筒灌浆与浆锚技术特点比较

套筒灌浆与浆锚连接方式是目前装配整体式剪力墙结构应用较多的两种不同的连接方式，其优缺点如表 7-2-1 所示：

套筒灌浆与浆锚连接对比表 **表 7-2-1**

技术优（缺）点	套筒灌浆连接技术	浆锚连接技术
优点	1. 套筒灌浆连接安全可靠 2. 操作简单 3. 适用范围广	1. 浆锚搭接成本低 2. 插筋孔直径大，制作精度要求比套筒灌浆低
缺点	1. 成本高 2. 精度要求略高	1. 浆锚搭接应用范围比套筒灌浆连接应用范围窄，国外把浆锚搭接用于高层或超高层装配式建筑构件竖向连接的成熟经验少 2. 浆锚搭接连接钢筋搭接长度是套筒灌浆连接钢筋连接长度的一倍左右，导致现场构件注浆量大、注浆作业时间长，还会增加运输、施工吊装的难度，降低施工效率 3. 以上两点是螺旋箍筋浆锚搭接与波纹管浆锚搭接的共同缺点，螺旋箍筋浆锚搭接另一个缺点是螺旋箍筋浆锚搭接内模成孔质量难以保证，脱模时，孔壁容易被破坏

练习与思考

一、填空题

1. 钢筋套筒灌浆连接接头由________、________、________三部分组成。

2. 灌浆套筒分为________和________。

3. 半套筒灌浆连接的接头一端为________，另一端为________。

4. 从套筒下部________注入灌浆料，待灌浆料从________溢出时停止灌浆，灌浆料硬化后即完成装配。

5. ________与________方式是目前装配整体式剪力墙结构应用较多的两种不同的连接方式。

6. 全套筒灌浆是指使用全灌浆套筒，且两端均通过专用__________连接钢筋。

7. 钢筋套筒灌浆连接技术是将灌浆套筒预埋在混凝土预制构件内，在安装现场从预制构件外通过________将灌浆料注入________，完成预制构件钢筋的连接。

二、选择题

1. 下列材料中不属于钢筋套筒灌浆连接接头的是（　　）。

A. 钢筋　　B. 石子

C. 灌浆套筒　　D. 灌浆料

2. 钢筋套筒灌浆连接技术主要用于下列哪种结构的受力钢筋连接（　　）。

A. 钢筋混凝土　　B. 装配式剪力墙

C. 装配整体式混凝土　　D. 装配式钢结构

3. 套筒灌浆连接技术不能用于下列哪种构件之间的连接（　　）。

A. 柱　　B. 剪力墙

C. 梁　　D. 阳台板

4. 下列钢筋套筒灌浆连接施工流程中在预制工厂完成的步骤是（　　）。

A. 构件安装　　B. 灌浆腔密封

C. 套筒灌浆　　D. 套筒在模板上的安装固定

5. 下列钢筋套筒灌浆连接施工流程中在施工现场完成的步骤是（　　）。

A. 套筒与钢筋的连接　　B. 出浆管道与套筒的连接

C. 灌浆料加水拌合　　D. 注浆管道与套筒的连接

6. 套筒灌浆连接分为几种连接方式（　　）。

A. 1 种　　B. 2 种

C. 3 种　　D. 4 种

7. 下图指的是哪种钢筋连接形式（　　）。

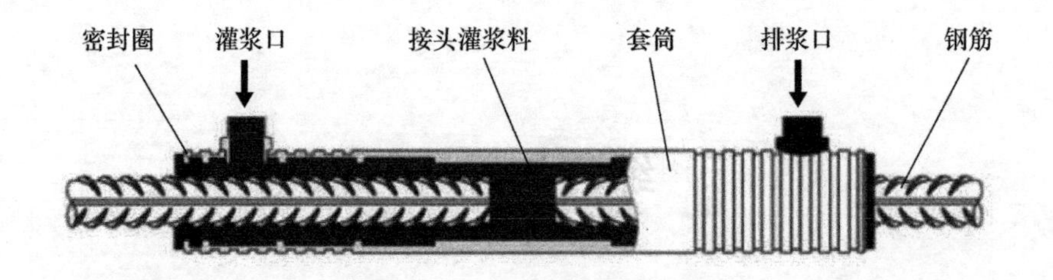

A. 集束浆锚　　　　B. NPC 浆锚

C. 全套筒灌浆　　　　D. 半套筒灌浆

8. 接头一端为灌浆连接，另一端为机械连接的连接方式是（　　）。

A. 集束浆锚　　　　B. NPC 浆锚

C. 全套筒灌浆　　　　D. 半套筒灌浆

9. 与浆锚技术特点比较，套筒灌浆连接技术的优点没有以下哪一项（　　）。

A. 连接安全可靠　　　　B. 成本低

C. 操作简单　　　　D. 适用范围广

10. 下列不属于灌浆套筒的组成部件的是（　　）。

A. 出浆孔　　　　B. 注浆孔

C. 密封圈　　　　D. 钢筋

三、简答题

1. 简述套筒灌浆连接技术的优缺点。
2. 简述浆锚连接技术的优缺点。
3. 简单介绍钢筋套筒灌浆连接施工流程主要步骤。
4. 简单介绍套筒灌浆连接技术。
5. 套筒灌浆连接分为几种？分别是什么？并分别进行简单介绍。

第 8 章　装配式建筑套筒灌浆施工基础知识

目前常见的装配式连接方式主要有浆锚连接以及套筒灌浆两种连接方式，但就目前的应用情况看，套筒灌浆连接方式应用更加广泛，市场的占有率更高，因此本教材主要围绕套筒灌浆施工工艺展开论述。本章重点介绍套筒灌浆的基础知识，包括：灌浆套筒的分类、检验，灌浆料的性能要求以及与套筒灌浆相关的标准、规范。

8.1　灌浆套筒性能要求

1. 灌浆套筒分类

灌浆套筒主要用于预制构件与主体预留钢筋之间的连接，是目前装配式整体式建筑最常见的结构连接方式。《钢筋连接用灌浆套筒》JG/T 398—2019 规定了钢筋连接用灌浆套筒的术语和定义、分类及标记、要求、试验方法、检验规则等。

按照材质和制造方式的不同，灌浆套筒分为铸造灌浆套筒和机械加工灌浆套筒。铸造灌浆套筒宜选用球墨铸铁，机械加工灌浆套筒宜选用优质碳素结构钢、低合金高强度结构钢、合金结构钢或其他经过接头型式检验确定符合要求的钢材。

根据其内部构造的不同，灌浆套筒主要分为全灌浆套筒以及半灌浆套筒。其中，半灌浆套筒根据机械连接一端钢筋螺纹加工方式的不同，分为镦粗直螺纹灌浆套筒、剥肋滚轧直螺纹灌浆套筒、直接滚轧直螺纹灌浆套筒。灌浆套筒分类如图 8-1-1 所示。

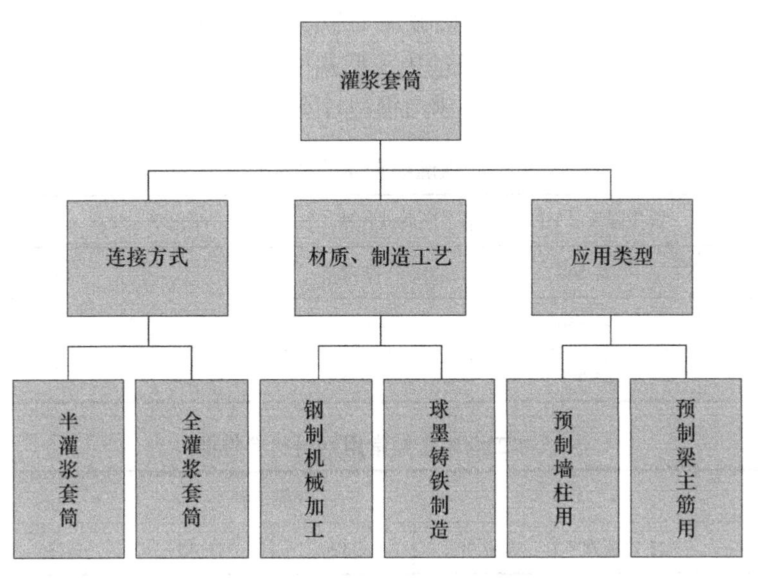

图 8-1-1　灌浆套筒分类

另外，灌浆套筒在其表面，都有一串字母与数字组合的编号，表示套筒的种类与规格，如图 8-1-2 和图 8-1-3 所示。

图 8-1-2　套筒的编号

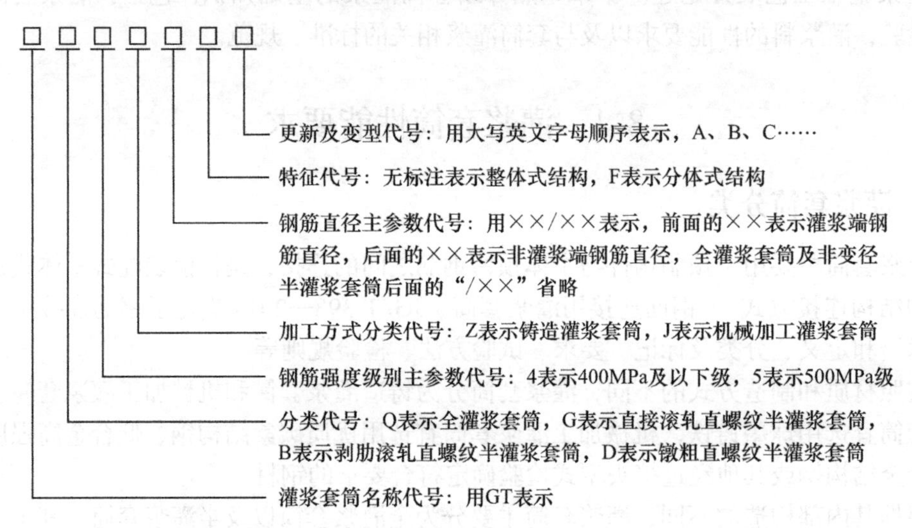

图 8-1-3　灌浆套筒编号的意义（《钢筋连接用灌浆套筒》JG/T 398—2019）

2. 灌浆套筒材质要求

铸造灌浆套筒宜选用球墨铸铁，机械加工灌浆套筒宜选用优质碳素结构钢、低合金高强度结构钢、合金结构钢或其他经过接头型式检验确定符合要求的钢材。表 8-1-1 和表 8-1-2 分别给出了球墨铸铁的材质要求与钢制材质要求。

球墨铸铁灌浆套筒的材料性能　　表 8-1-1

项目	材料	抗拉强度（MPa）	断后伸长率（%）	球化率（%）	硬度（HBW）
性能指标	QT500	≥ 500	≥ 7	≥ 85	170～230
	QT550	≥ 550	≥ 5		180～250
	QT600	≥ 600	≥ 3		190～270

机加工灌浆套筒常用钢材材料性能　　表 8-1-2

项目	性能指标					
材料	45 号圆钢	45 号圆管	Q390	Q345	Q235	40Cr
屈服强度（MPa）	≥ 355	≥ 335	≥ 390	≥ 345	≥ 235	≥ 785

续表

项目	性能指标					
材料	45 号圆钢	45 号圆管	Q390	Q345	Q235	40Cr
抗拉强度（MPa）	≥ 600	≥ 590	≥ 490	≥ 470	≥ 375	≥ 980
断后伸长率（%）	≥ 16	≥ 14	≥ 18	≥ 20	≥ 25	≥ 9

注：当屈服现象不明显时，用规定塑性延伸强度 $R_{P.02}$ 代替。

3. 灌浆套筒的尺寸要求

灌浆套筒应符合现行行业标准《钢筋连接用灌浆套筒》JG/T 398—2019 的有关规定。灌浆套筒灌浆端最小内径与连接钢筋公称直径的差值不宜小于表 8-1-3 规定的数值，用于钢筋锚固的深度不宜小于插入钢筋公称直径的灌浆套筒灌浆段。

灌浆套筒尺寸偏差 **表 8-1-3**

项目	灌浆套筒尺寸偏差					
	铸造灌浆套筒			机械加工灌浆套筒		
钢筋直径（mm）	10～20	22～32	36～40	10～20	22～32	36～40
内、外径允许偏差（mm）	±0.8	±1.0	±1.5	±0.5	±0.6	±0.8
壁厚允许偏差（mm）	±0.8	±1.0	±1.2	±12.5%l 或 ±0.4 较大者		
长度允许偏差（mm）	±2.0			±1.0		
最小内径允许偏差（mm）	±1.5			±1.0		
剪力槽两侧凸台顶部轴向宽度允许偏差（mm）	±1.0			±1.0		
剪力槽两侧凸台径向高度允许偏差（mm）	±1.0			±1.0		
直螺纹精度	GB/T197 中 6H 级			GB/T197 中 6H 级		

4. 灌浆套筒检验规则

根据《钢筋套筒灌浆连接应用技术规程》JGJ 355—2015 中对套筒检验的相关要求，灌浆套筒检验主要分为出厂检验和型式检验两种。

（1）出厂检验

1）检验项目

材料性能、尺寸偏差和外观质量。

2）组批规则

材料性能检验应以同钢号、同规格、同炉（批）号的材料作为一个检验批。尺寸偏差和外观应以连续生产的同原材料、同规格、同炉（批）号、同类型的 1000 个灌浆套筒为一个检验批，不足 1000 个仍可作为一个检验批。

3）取样数量及方法

材料性能试验每批随机抽取 2 个。尺寸偏差和外观每批随机抽取 10%，连续 10 个检验批一次性检验均合格时，尺寸偏差和外观的取样数量可由 10% 降低为 5%。

4）判定规则

在材料性能检验中，若 2 个试样均合格，则该批灌浆套筒材料性能判定为合格；若有 1 个试样不合格，则需另外加倍抽样复检，复检全部合格时，则仍可判定该批灌浆套筒材料性能为合格；若复检中仍有 1 个试样不合格，则该批灌浆套筒材料性能判定为不合格。

在尺寸偏差及外观检验中，若灌浆套筒试样合格率不低于 97% 时，该批灌浆套筒判定为合格；当低于 97% 时，应另外抽取双倍数量的灌浆套筒试样进行检验，当合格率不低于 97% 时，则该批灌浆套筒仍可判定为合格；若仍低于 97%，则该批灌浆套筒应逐个检验，合格后方可出厂。

（2）型式检验

1）检验条件

有下列情况之一时，应进行型式检验：

① 灌浆套筒产品定型时；

② 灌浆套筒材料、工艺、规格进行改动时；

③ 型式检验报告超过 4 年时。

2）检验项目

① 对中接头试件应为 9 个，其中 3 个做单向拉伸试验、3 个做高应力反复拉压试验、3 个做大变形反复拉压试验；

② 偏置接头试件应为 3 个，做单向拉伸试验；

③ 钢筋试件应为 3 个，做单向拉伸试验；

④ 全部试件的钢筋均应在同一炉（批）号的 1 根或 2 根钢筋上截取。

3）取样数量及取样方法

材料性能检验应以同钢号、同规格、同炉（批）号的材料中抽取，取样数量为 2 个；尺寸偏差和外观应以连续生产的同原材料、同炉（批）号、同类型、同规格的套筒中抽取，取样数量为 3 个；抗拉强度试验的灌浆接头取样数量为 3 个。

4）判定规则

所有检验项目合格方可判定为合格。

5. 标识、包装、运输和贮存

（1）标识

灌浆套筒表面应刻印清晰、持久性标识。标识至少应包括厂家代号、型号及可追溯材料性能的生产批号等信息。灌浆套筒包装箱上应有明显的产品标识，标识内容包括：产品名称、执行标准、灌浆套筒型号、数量、重量、生产批号、生产日期、企业名称、通信地址和联系电话。

（2）包装

1）灌浆套筒包装应符合《一般货物运输包装通用技术条件》GB/T 9174 的规定。灌浆套筒应用纸箱、塑料编织袋或木箱按照规格、批号包装，不同规格、批号的灌浆套筒不得混装。通常情况下采用纸箱包装时，纸箱强度应保证运输要求，箱外应用足够强度的打包带捆扎牢固。

2）灌浆套筒出厂时应附有产品合格证，样式可参见《一般货物运输包装通用技术条件》GB/T 9174 附录 A 规定。产品合格证内容应包括：产品名称、灌浆套筒型号、生产批号、材料牌号、数量、检验结论、检验合格签章、企业名称、通信地址和联系电话等。

3）有较高防潮要求时，应用防潮纸将灌浆套筒逐个包裹后装入木箱。

（3）运输和贮存

1）灌浆套筒在运输过程中应有防水、防雨措施。

2）灌浆套筒应贮存在具有防水、防雨、防潮的环境中，并按规格型号分别码放。

8.2 灌 浆 料

1. 灌浆料性能要求

钢筋连接用套筒灌浆料（图 8-2-1）是指用水泥、级配砂、掺合料、膨胀剂、外加剂等混合而成的专用的水泥基无收缩灌浆料。《钢筋连接用套筒灌浆料》JG/T 408—2019 详细规定了灌浆料的物性要求和试验方法。

图 8-2-1 钢筋连接用套筒灌浆料

表 8-2-1 比较了普通灌浆料与套筒灌浆料的物性要求，从表中可以看出：相比于普通灌浆料，套筒灌浆料具有高流动性、早强高强、微膨胀性。

普通灌浆料与套筒灌浆料的物性要求　　表 8-2-1

物性要求	时间	一般灌浆料	套筒灌浆料
流动度（mm）	0min	≥ 290mm	≥ 300mm
	30min	≥ 260mm	≥ 260mm
抗压强度	1d	≥ 20MPa	≥ 35MPa
	3d	≥ 40MPa	≥ 60MPa
	28d	≥ 60MPa	≥ 85MPa
竖向膨胀率（%）	3h	0.1～3.5	≥ 0.02
	3～24h	0.02～0.5	0.02～0.5

2. 灌浆料检验规则

灌浆料的检验规则按照《混凝土结构工程施工质量验收规范》GB 50204—2015、《水泥基灌浆材料应用技术规范》GB/T 50448—2015、《钢筋连接用套筒灌浆料》JG/T 408—2019 的相关要求执行。

（1）性能要求

根据《钢筋连接用套筒灌浆料》JG/T 408—2019 的要求，灌浆料的性能要求见表 8-2-2 和表 8-2-3。

常温型套筒灌浆料的性能指标　　表 8-2-2

检测项目		性能指标
流动度（mm）	初始	≥ 300
	30min	≥ 260
抗压强度（MPa）	1d	≥ 35
	3d	≥ 60
	28d	≥ 85
竖向膨胀率（%）	3h	0.02～2
	24h 与 3h 差值	0.02～0.40
28d 自干燥收缩（%）		≤ 0.045
氯离子含量（%）		≤ 0.03
泌水率（%）		0

注：氯离子含量以灌浆料总量为基准。

低温型套筒灌浆料的性能指标　　表 8-2-3

检测项目		性能指标
−5℃流动度（mm）	初始	≥ 300
	30min	≥ 260

续表

检测项目		性能指标
8℃流动度（mm）	初始	≥ 300
	30min	≥ 260
抗压强度（MPa）	−1d	≥ 35
	−3d	≥ 60
	−7d+21d[a]	≥ 85
竖向膨胀率（%）	3h	0.02～2
	24h 与 3h 差值	0.02～0.40
28d 自干燥收缩（%）		≤ 0.045
氯离子含量[b]（%）		≤ 0.03
泌水率（%）		0

a　−1d 代表在负温养护 1d，−3d 代表在负温养护 3d，−7d + 21d 代表在负温养护 7d 转标养 21d。

b　氯离子含量以灌浆料总量为基准。

（2）试验方法

1）称取 1800g 水泥基灌浆材料，精确至 5g；按照产品设计（说明书）要求的用水量称量拌合用水，精确至 1g。

2）按照《钢筋连接用套筒灌浆料》JG/T 408—2019 中附录 A 的相关要求拌合水泥基灌浆料。

3）将浆体灌入试模，待浆体与试模的上边缘平齐，成型过程中不应震动试模，应在 6min 内完成拌合成型。

4）将装有浆体的试模在成型室内静置 2h 后移入养护箱。

5）抗压强度的试验方法按照《水泥胶砂强度检验方法（ISO 法）》GB/T 17671—1999 的有关规定执行。

（3）标识、包装、运输和贮存

1）标识

包装袋（筒）上应标明产品名称，净重量，使用说明，生产厂家（包括单位地址、电话），生产批号，生产日期，保质期等内容。

2）包装

① 套筒灌浆料应采用防潮袋（筒）包装。

② 每袋（筒）净含量宜为 25kg 或 50kg，且不小于标识质量的 99%。

3）运输和贮存

① 产品运输和贮存时不应受潮和混入杂物。

② 产品应贮存于通风、干燥、阴凉处，运输过程中应注意避免阳光长时间照射。

8.3 其他材料

1. 管堵

管堵由橡胶或塑料制成，用于灌浆前和灌浆后对灌浆孔进行封堵（图 8-3-1）。在灌浆前封堵，防止杂物和混凝土在浇筑时进入管内；在灌浆后封堵，防止已灌入套筒内的灌浆料泄漏。

使用管堵时，应注意注浆孔与出浆孔的孔径不同：出浆孔的孔径小，一般为 20mm；注浆孔的孔径较大，一般为 25mm。在进行堵浆时应选择对应孔径的管堵，以保证堵浆的效果。

图 8-3-1 管堵

2. 密封环

一般为橡胶材质，锥形的密封环有利于钢筋对中且安装方便；安装于套筒的预埋端，防止预制构件制作时混凝土进入套筒（图 8-3-2）。

图 8-3-2 密封环

8.4 检 验 检 测

根据《钢筋套筒灌浆连接应用技术规程》JGJ 355 第 7.0.5 条规定：灌浆套筒埋入预制构件时，工艺检验应在构件生产前进行；当现场灌浆施工单位与工艺检验时的灌浆单位不同，灌浆前应再次进行工艺检验。这表明，如果现场灌浆施工单位与工艺检验时的灌浆单位不同时，需要进行重复的工艺试验。另外，应对不同钢筋生产企业的进厂钢筋进行接头工艺检验。

1. 接头型式检验

根据《钢筋套筒灌浆连接应用技术规程》JGJ 355 第 7.0.6 条规定，“灌浆套筒进厂（场）时，应抽取灌浆套筒并采用与之匹配的灌浆料制作对中连接接头试件，并进行抗拉强度检验；检查数量：同一批号、同一类型、同一规格的灌浆套筒，不超过 1000 个为一批，每批随机抽取 3 个灌浆套筒制作对中连接接头试件”。另外需要注意的是，灌浆料最终强度周期为 28d，故工艺检验应该在构件生产前提前进行，当然，为减少试验周期，在 28d 内，只要同步灌浆料试块强度达到 85MPa 就可送检。

（1）接头型式检验条件

属于下列情况时，应进行接头型式检验：

1）灌浆套筒材料、工艺、结构改动时。

2）灌浆料型号、成分改动时。

3）钢筋强度等级、肋形发生变化时。

（2）用于型式检验的钢筋、灌浆套筒、灌浆料应符合国家现行标准《钢筋混凝土用钢 第 2 部分：热轧带肋钢筋》GB 1499.2、《钢筋混凝土用余热处理钢筋》GB 13014、《钢筋连接用灌浆套筒》JG/T 398、《钢筋连接用套筒灌浆料》JG/T 408 的规定。

（3）每种套筒灌浆连接接头型式检验的试件数量与检验项目应符合下列规定：

1）对中接头试件应为 9 个，其中 3 个做单向拉伸试验、3 个做高应力反复拉压试验、3 个做大变形反复拉压试验。

2）偏置接头试件应为 3 个，做单向拉伸试验。

3）钢筋试件应为 3 个，做单向拉伸试验。

4）全部试件的钢筋均应在同一炉（批）号的 1 根或 2 根钢筋上截取。

（4）用于型式检验的套筒灌浆连接接头试件应在检验单位监督下由送检单位制作，并应符合下列规定：

1）3 个偏置接头试件应保证一端钢筋插入灌浆套筒中心，一端钢筋偏置后钢筋横肋与套筒壁接触；9 个对中接头试件的钢筋均应插入灌浆套筒中心；所有接头试件的钢筋应与灌浆套筒轴线重合或平行，钢筋在灌浆套筒插入深度应为灌浆套筒的设计锚固深度。

2）接头试件应按照相关规定进行灌浆；对于半灌浆套筒连接，机械连接端的加工应符合现行行业标准《钢筋机械连接技术规程》JGJ 107 的有关规定。

3）采用灌浆料拌合物制作的 40mm×40mm×160mm 试件不应少于 1 组，并宜留设不少于 2 组。

4）接头试件及灌浆料试件应在标准养护条件下养护。

5）接头试件在试验前不应进行预拉。

（5）型式检验试验时，灌浆料抗压强度不应小于 80MPa，且不应大于 95MPa；当灌浆料 28d 抗压强度合格指标高于 85MPa 时，试验时的灌浆料抗压强度低于 28d 抗压强度合格指标的数值不应大于 5MPa，且 28d 抗压强度合格指标的数值不应大于 10MPa 与 $0.1f_g$ 二者的较大值；当型式检验试验时灌浆料抗压强度低于 28d 抗压强度合格指标 f_g 时，应增加检验灌浆料 28d 抗压强度。

（6）型式检验的试验方法应符合现行行业标准《钢筋机械连接技术规程》JGJ 107 的有关规定，并应符合下列规定：

1）接头试件的加载力应符合《钢筋套筒灌浆连接应用技术规程》JGJ 355 中 3.2.5 条规定。

2）偏置单向拉伸接头试件的抗拉强度试验应采用零到破坏的一次加载。

3）大变形反复拉压试验的前后反复 4 次变形加载值应分别取 $2\varepsilon_{yk}L_g$ 和 $5\varepsilon_{yk}L_g$，其中 ε_{yk} 是应力为屈服强度标准值时的钢筋应变，计算长度 L_g 应按下列公式计算：

全灌浆套筒连接

$$L_g=\frac{L}{4}+4d_s$$

半灌浆套筒连接

$$L_g=\frac{L}{2}+4d_s$$

式中：L——灌浆套筒长度（mm）；

d_s——钢筋公称直径（mm）。

（7）当型式检验的灌浆料抗压强度符合（5）的规定，且型式检验结果符合下列规定时，可评为合格：

1）强度检验：每个接头试件的抗拉强度实测值不应小于连接钢筋抗拉强度标准值，且破坏时应断于接头外钢筋的强度要求。

2）变形检验：对残余变形和最大力下总伸长率，相应项目的 3 个试件实测的平均值应符合套筒灌浆连接接头的变形性能规定。

（8）型式检验应由专业检测机构进行，并应按钢筋套筒连接应用技术规程的规定出具检验报告。

2. 工艺检验

灌浆施工前，应对不同钢筋生产企业的进厂钢筋进行接头工艺检验；施工过程中，当更换钢筋生产企业，或同生产企业生产的钢筋外形尺寸与已完成工艺检验的钢筋有较大差异时，应再次进行工艺检验。接头工艺检验应符合下列规定：

（1）灌浆套筒埋入预制构件时，工艺检验应在预制构件生产前进行；当现场灌浆施工单位与工艺检验时的灌浆单位不同，灌浆前应再次进行工艺检验。

（2）工艺检验应模拟施工条件制作接头试件，并应按接头提供单位提供的施工操作要求进行。

（3）每种规格钢筋应制作3个对中套筒灌浆连接接头，并应检查灌浆质量。

（4）采用灌浆料拌合物制作的40mm×40mm×160mm试件不应少于1组。

（5）接头试验及灌浆料试件应在标准养护条件下养护28d。

（6）每个接头试件的抗拉强度、屈服强度应符合《钢筋套筒灌浆连接应用技术规程》JGJ 355的相关规定，3个接头试验残余变形的平均值应符合《钢筋套筒连接应用技术规程》JGJ 355的规定；灌浆料抗压强度应符合《钢筋套筒灌浆连接应用技术规程》JGJ 355规定的28d抗压强度要求。

（7）接头试件在量测残余变形后可再进行抗拉强度试验，并应按现行行业标准《钢筋机械连接技术规程》JGJ 107规定的钢筋机械连接型式检验单向拉伸加载试验。

（8）第一次工艺检验中1个试件抗拉强度或3个试件的残余变形平均值不合格时，可再抽3个试件进行复检，复检仍不合格判为工艺检验不合格。

（9）工艺检验应由专业检测机构进行，并应按《钢筋套筒灌浆连接应用技术规程》JGJ 355附录A第A.0.2条规定的格式出具检验报告，报告样式如表8-4-1所示。

钢筋套筒灌浆连接接头试件工艺检验报告　　表8-4-1

<table>
<tr><td colspan="2">接头名称</td><td colspan="3"></td><td colspan="2">送检日期</td><td colspan="2"></td></tr>
<tr><td colspan="2">送检单位</td><td colspan="3"></td><td colspan="2">试件制作地点</td><td colspan="2"></td></tr>
<tr><td colspan="2">钢筋生产企业</td><td colspan="3"></td><td colspan="2">钢筋牌号</td><td colspan="2"></td></tr>
<tr><td colspan="2">钢筋公称直径</td><td colspan="3"></td><td colspan="2">钢筋套筒类型</td><td colspan="2"></td></tr>
<tr><td colspan="2">灌浆套筒品牌、型号</td><td colspan="3"></td><td colspan="2">灌浆料品牌、型号</td><td colspan="2"></td></tr>
<tr><td colspan="2">灌浆施工人及所属单位</td><td colspan="7"></td></tr>
<tr><td rowspan="6">对中单向拉伸试验结果</td><td colspan="3">试件编号</td><td colspan="2">NO.1</td><td>NO.2</td><td>NO.3</td><td>要求指标</td></tr>
<tr><td colspan="3">屈服强度（N/mm²）</td><td colspan="2"></td><td></td><td></td><td></td></tr>
<tr><td colspan="3">抗拉强度（N/mm²）</td><td colspan="2"></td><td></td><td></td><td></td></tr>
<tr><td colspan="3">残余变形（mm）</td><td colspan="2"></td><td></td><td></td><td></td></tr>
<tr><td colspan="3">最大力下总伸长率（%）</td><td colspan="2"></td><td></td><td></td><td></td></tr>
<tr><td colspan="3">破坏形式</td><td colspan="2"></td><td></td><td></td><td>钢筋拉断</td></tr>
<tr><td rowspan="3">灌浆料抗压强度试验结果</td><td colspan="7">试件抗压强度量测值（N/mm²）</td><td rowspan="2">28d合格指标（N/mm²）</td></tr>
<tr><td>1</td><td>2</td><td>3</td><td>4</td><td>5</td><td>6</td><td>取值</td></tr>
<tr><td></td><td></td><td></td><td></td><td></td><td></td><td></td><td></td></tr>
<tr><td>评定结论</td><td colspan="8"></td></tr>
<tr><td>检验单位</td><td colspan="8"></td></tr>
<tr><td>试验员</td><td colspan="4"></td><td colspan="2">校核</td><td colspan="2"></td></tr>
<tr><td>负责人</td><td colspan="4"></td><td colspan="2">试验日期</td><td colspan="2"></td></tr>
</table>

练习与思考

一、填空题

1. 目前常见的装配式连接方式主要有浆锚连接以及__________连接。

2. 灌浆套筒主要用于__________与主体预留钢筋之间的连接。

3. 按照材质和加工方式的不同，灌浆套筒分为__________和机械加工灌浆套筒。

4. 铸造灌浆套筒宜选用__________，机械加工灌浆套筒宜选用优质碳素结构钢、低合金高强度结构钢、合金结构钢或其他经过接头型式检验确定符合要求的钢材。

5. 相比于普通灌浆料，套筒灌浆料具有高流动性、__________、微膨胀性。

6. __________由橡胶或塑料制成，用于灌浆前和灌浆后对灌浆孔进行封堵。

7. __________主要在预制构件制作阶段使用，主要用于固定灌浆套筒的位置。

二、选择题

1. 目前装配式整体式建筑最常见的结构连接方式是（　　）。

A. 浆锚连接　　B. 螺栓连接

C. 灌浆套筒　　D. 现浇连接

2. 根据内部构造，下列灌浆套筒不属于半灌浆套筒的是（　　）。

A. 直接滚轧直螺纹　　B. 剥肋滚轧直螺纹

C. 镦粗直螺纹　　D. 螺旋钢筋

3. 铸造灌浆套筒宜选用球墨铸铁，下列不符合球墨铸铁的材质要求的是（　　）。

A. 抗拉强度≥ 550MPa　　B. 硬度≥ 250

C. 断后伸长率≥ 5%　　D. 球化率≥ 85%

4. 钢筋直径为15mm时，套筒灌浆段最小内径与连接钢筋公称直径差最小值为(　　)。

A. 5mm　　B. 10mm

C. 15mm　　D. 20mm

5. 钢筋直径为30mm时，套筒灌浆段最小内径与连接钢筋公称直径差最小值为(　　)。

A. 5mm　　B. 10mm

C. 15mm　　D. 20mm

6. 灌浆套筒检验规则规定灌浆套筒检验主要分为（　　）种。

A. 2　　B. 3

C. 4　　D. 5

7. 尺寸偏差和外观应以连续生产的同原材料、同规格、同炉（批）号、同类型的（　　）个灌浆套筒为一个检验批。

A. 100　　B. 1000

C. 2000　　D. 5000

8. 灌浆套筒出厂时应附有产品合格证，下面不属于合格证内容的是（　　）。

A. 产品名称　　B. 生产批号

C. 重量　　D. 数量

9. 相比于普通灌浆料，套筒灌浆料不具有以下哪一项特点（　　）。

A. 高流动性　　B. 早强高强

C. 微膨胀性　　D. 价格低

10. 使用管堵时，应注意注浆孔与出浆孔的孔径不同，出浆孔的孔径小，一般为（　　）。

A. 10mm　　B. 15mm

C. 20mm　　D. 25mm

三、简答题

1. 简述灌浆套筒的分类方式，并写出每种分类方式的种类。

2. 下图中灌浆套筒的编号每个字母分别代表什么意思？

3. 简述灌浆套筒出厂检验规则。

4. 请详细写出钢筋连接用套筒灌浆料的性能要求。

5. 灌浆作业前，应对不同钢筋生产企业的进厂钢筋进行接头工艺检验，简述接头工艺检验的规定。

第9章　灌浆设备与工具

9.1　灌浆料检测工具及仪器

1. 灌浆料的制作工具

灌浆料的制作工具主要包括：温度计、电子秤、搅拌机、量杯、铁皮桶等，表9-1-1详细列出了灌浆料的制作工具，包括其名称、规格型号及对应的图片信息。

灌浆料制作工具　　**表9-1-1**

工具名称	规格参数	图　片
温湿度计	—	
电子秤	30～50kg	
量杯	3L	

续表

工具名称	规格参数	图　片
平底金属筒（最好为不锈钢制）	ϕ300×H400，30L	
电动搅拌机	功率：1200～1400W； 转速：0～800rpm； 电压：单相 220V/50Hz； 搅拌头：不锈钢螺旋杆	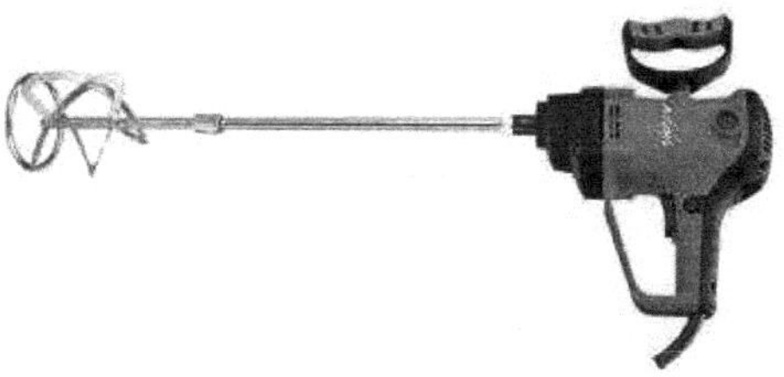

2. 灌浆料检测工具

对于灌浆料的检测主要分为两个方面：一方面需要对其流动度进行检测，以保证在灌浆的过程中，不会发现因流动度不足而导致灌浆不密实的情况；另一方面，需要对灌浆料的强度进行检测，确保其能够满足结构施工要求。以下从流动度检测和强度检测两个方面对灌浆料的检测工具进行介绍。

灌浆料的流动度检测工具如表 9-1-2 所示。

灌浆料流动度检测工具　　　　**表 9-1-2**

工具名称	规格参数	图　片
圆锥试模	上口 × 下口 × 高 70mm×100mm×60mm	
钢化玻璃板	长 × 宽 × 高 500mm×500mm×6mm	

灌浆料的抗压强度检测工具主要有：试块试模、机油、毛刷、钢丝刷及勺子等。表9-1-3详细列出了灌浆料的抗压强度检测工具，包括其名称、规格及对应的图片信息。

灌浆料抗压强度检测工具 **表9-1-3**

工具名称	规格参数	图片
试块试模	长×宽×高 40mm×40mm×160mm三联模	

9.2 灌浆设备

1. 电动灌浆设备

电动灌浆设备主要是指灌浆机械，以下主要介绍目前应用较为广泛的两种灌浆泵：GJB型灌浆泵与螺杆灌浆泵，表9-2-1对比了两者的优缺点。

GJB型灌浆泵与螺杆灌浆泵优缺点对比表 **表9-2-1**

产品	GJB型灌浆泵	螺杆灌浆泵
工作原理	泵管挤压式	螺杆挤压式
示意图		
优点	流量稳定，快速慢速可调，适合泵送不同黏度灌浆料。故障率低，泵送可靠，可设定泵送极限压力	适合低黏度、骨料较粗的灌浆料灌浆。体积小、重量轻，便于运输
缺点	使用后需要认真清洗，防止浆料固结堵塞设备	螺旋泵胶套寿命有限，骨料对其磨损较大，需要更换。扭矩偏低，泵送力量不足，不易清洗

2. 手动灌浆工具

手动灌浆工具（图9-2-1）适用于单仓套筒灌浆，例如梁接头或者制作灌浆接头试件，以及水平缝连通腔不超过 30cm 的少量接头灌浆、补浆施工。

图 9-2-1　手动灌浆工具

9.3　灌浆设备和工具的清洗、存放及保养

灌浆设备和工具的正常运转和使用，对灌浆施工作业来说意义重大，可以为灌浆施工质量提供保障，因此，灌浆设备使用完毕之后应进行及时清理，且应按照要求进行存放，并定期做好维护保养工作。

1. 灌浆设备和工具的清洗要求

（1）灌浆设备和工具的清洗应由专人负责。

（2）搅拌设备、灌浆机、手动灌浆器及其他设备、工具在使用完毕后应及时清理，清除残余的灌浆料拌合物等。

（3）灌浆作业的试验用具应及时清理，试模应及时刷油保养。

（4）清理设备应采用柔软干净的抹布清洁，防止对搅拌桶及设备造成损伤和污染。

（5）设备及工具清理干净后应把表面残留的水分擦干净，防止设备生锈。

（6）清洗完的设备及工具应及时覆盖，防止其他作业工序对设备及工具造成污染。

（7）螺杆式灌浆机宜将螺杆卸掉，单独对螺杆进行清洗。

（8）挤压式灌浆机应把软管清洗干净，可以采用与软管直径相同的海绵球来清洗。

2. 灌浆设备和工具的存放要求

（1）灌浆设备和工具的存放应由专人负责。

（2）灌浆设备和工具应存放在固定的场所或位置。

（3）灌浆设备和工具应摆放整齐，设备工具上严禁放置其他物品。

（4）灌浆设备和工具存放时应防止其他作业或因天气原因对其造成损坏和污染。

（5）存放设备场所的道路应畅通，方便设备进出。

（6）应建立设备、工具存放和使用台账。

3. 灌浆设备和工具的保养要求

（1）灌浆设备和工具应由专人负责管理和保养。

（2）应建立灌浆设备和工具保养制度。

（3）灌浆设备和工具日常管理应以预防为主，发现问题及时维修。

（4）对灌浆设备的易损部件及易损坏的工具应有一定数量的备品备件。

（5）建立灌浆设备保养台账，按照说明书的要求对设备及时进行保养。
（6）灌浆的计量设备须进行定期校验。
（7）灌浆设备所有螺栓、螺母和螺钉应经常检查是否松动，发现松动应及时拧紧。
（8）带有减速机的设备 3～4 个月应更换一次减速机齿轮油。

练习与思考

一、填空题

1. 灌浆料的制作工具主要包括温度计、电子秤、__________、量杯、铁皮桶等。

2. 对于灌浆料的检测主要分为两个方面，分别是________和________。

3. 灌浆料的抗压强度检测工具主要有_________、机油、毛刷、钢丝刷及勺子等用具。

4. __________工具适用于单仓套筒灌浆或者制作灌浆接头。

5. 灌浆作业的试验用具应及时清理，__________应及时刷油保养。

6. 搅拌设备、__________、手动灌浆器及其他设备、工具在使用完毕后应及时清理，清除残余的灌浆料拌合物等。

7. 灌浆的__________须进行定期校验。

二、选择题

1. 下列不属于灌浆料制备工具的是（　　）。

A. 电子秤　　B. 搅拌机

C. 水泵　　D. 量杯

2. 制备灌浆料用电动搅拌机的功率为（　　）。

A. 1000～1200W　　B. 1200～1400W

C. 1400～1600W　　D. 1600～1800W

3. 下列工具中，用于灌浆料流动度检测的是（　　）。

A. 圆锥试模　　B. 铲子

C. 水桶　　D. 直尺

4. 下列选项中，为抗压强度检测工具的是（　　）。

A. 试块试模　　B. 圆锥试模

C. 固定工装　　D. 三条槽

5. 下列不属于泵管挤压式灌浆泵的优点的是（　　）。

A. 流量稳定　　B. 故障率低

C. 泵送可靠　　D. 便于运输

6. 手动灌浆工具，如下图所示，适用于单仓套筒灌浆或者制作灌浆接头，以及水平缝连通腔不超过（　　）的少量接头灌浆、补浆施工。

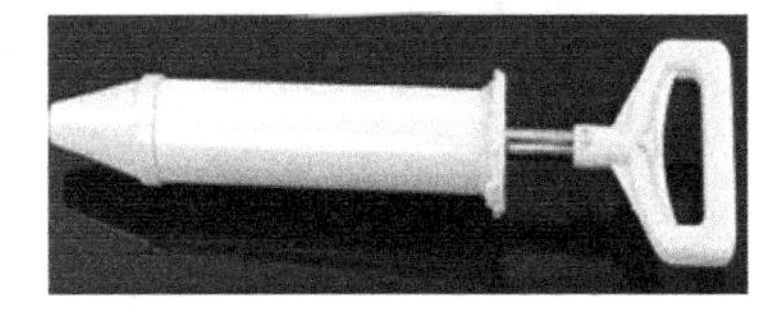

A. 50cm　　B. 40cm

C. 30cm　　D. 20cm

7. 挤压式灌浆机应把软管清洗干净，可以采用与软管直径相同的（　　）清洗。

A. 海绵球　　B. 钢丝球

C. 刷子　　D. 泡沫球

8. 清理设备应采用柔软干净的（　　），防止对搅拌桶及设备造成损伤和污染。

A. 清水　　B. 抹布

C. 白纸　　D. 油漆

9. 灌浆设备和工具的存放要求共有（　）条。

A. 5　　B. 6

C. 7　　D. 8

10. 带有减速机的设备（　　）个月应更换一次减速机齿轮油。

A. 1～2　　B. 2～3

C. 3～4　　D. 4～5

三、简答题

1. 简述灌浆料的检测内容。
2. 请写出泵管挤压式灌浆泵的优点。
3. 请写出螺杆挤压式灌浆泵的优点。
4. 灌浆设备和工具的清洗要求有什么？
5. 简述灌浆设备和工具的存放要求。

第 10 章　预制构件套筒灌浆施工

10.1　灌浆连接一般规定

（1）施工单位应当在钢筋套筒灌浆连接施工前，单独编制套筒灌浆连接专项施工方案。专项施工方案应当由施工单位技术负责人审核签字、加盖单位公章，经总监理工程师审查签字、加盖执业印章后方可实施。专项施工方案（图 10-1-1）中应明确吊装灌浆工序作业时间节点、灌浆料拌合、分仓设置、补灌工艺和坐浆工艺等要求。

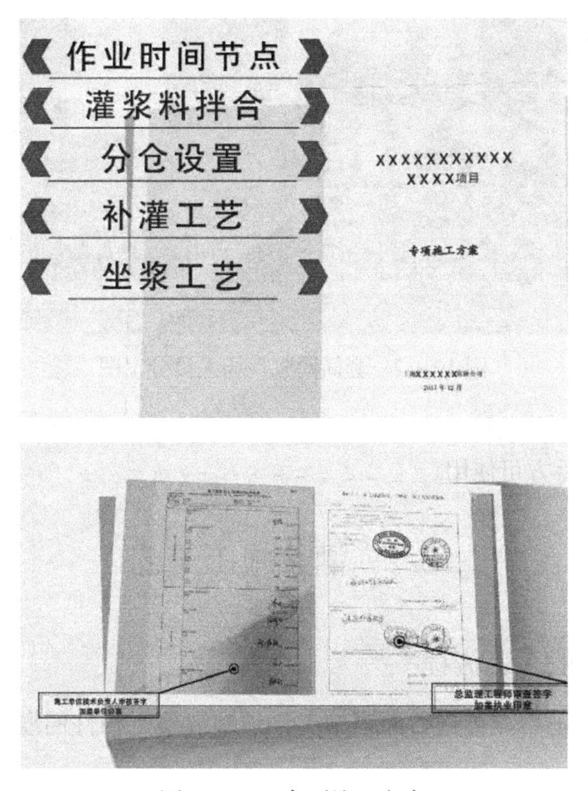

图 10-1-1　专项施工方案

（2）从事钢筋套筒灌浆连接施工作业的人员必须经过专业技术培训，考核合格后持证上岗，班组成员应相对固定。

（3）施工单位应指派专职检验人员，对现场灌浆料拌合物的制备、灌浆料拌合物流动度检验、灌浆料强度检验试件的制作及灌浆施工进行全过程监督并记录。

（4）钢筋套筒灌浆连接相关供货单位宜指派专人协助施工单位进行钢筋套筒灌浆连接施工作业及相关施工机具的维护、修理，并协助施工单位监督灌浆质量。

（5）监理单位应指派专业监理工程师对现场灌浆料拌合物的制备、灌浆料拌合物流动度检验、灌浆料强度检验试件的制作及灌浆施工进行全过程监督并记录。

（6）施工单位应对现场灌浆施工进行全过程视频拍摄，该视频作为施工单位的工程施工资料留存。视频内容应包含：灌浆施工人员、专职检验人员、旁站监理人员、灌浆部位、预制构件编号、灌浆料拌合物的制备、灌浆料拌合物流动度检验、灌浆料强度检验试件的制作、灌浆施工、全部出浆管出浆并及时封堵等情况。见图 10-1-2。

（7）对于首次施工，宜选择有代表性的单元或部位进行试制作、试安装、试灌浆。

图 10-1-2　套筒灌浆现场人员分工图

（8）套筒灌浆连接应采用由接头型式检验和工艺检验确定的相匹配的灌浆套筒和灌浆料，并应经检验合格后方可使用。

10.2　灌浆施工工艺

1. 灌浆施工一般工艺流程

预制构件安装校正后方可进行灌浆施工，预制混凝土构件的灌浆施工作业一般流程如下：

分仓处理与接缝封堵→正式灌浆前的准备工作→灌浆料制备→灌浆料检测（流动度检测＋强度检测）→签发灌浆令→灌浆操作→填写灌浆施工记录并由监理签字，整理资料→灌浆连接维护

2. 分仓处理与接缝封堵

（1）清理并湿润接缝

吊装完成后采用气泵对接缝处进行疏通，清理表面浮灰，确保接缝内无油污、浮渣等。如图 10-2-1 所示。

图 10-2-1　清理接缝

清理接缝完毕后，可采用喷雾湿润接缝，接缝表面不应存在明水。如图 10-2-2 所示。

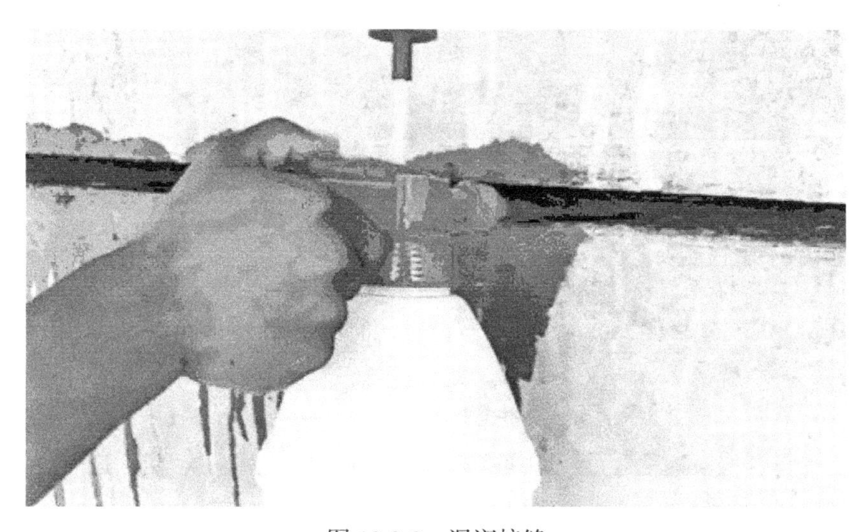

图 10-2-2　湿润接缝

（2）分仓处理要求

分仓材料通常采用抗压强度为 50MPa 以上的坐浆料，常温下一般在分仓 24h 后可灌浆。

仓体越大，灌浆阻力越大、灌浆压力越大、灌浆时间越长，对封缝的要求越高，灌浆不满的风险越大。根据实践经验总结得来：采用电动灌浆泵灌浆时，一般单仓长度不超过 1.5m。采用手动灌浆枪灌浆时，单仓长度不宜超过 0.3m。分隔条宽度宜为 30～50mm。

为了防止坐浆料遮挡套筒孔口，分隔条与连接钢筋外缘的距离应大于 40mm。分仓缝宜和墙板垫片结合在同一位置，防止垫片造成连通腔内灌浆料流动受阻。分仓后在构件相对应位置做出分仓标记，记录分仓时间，便于指导灌浆。作业流程如图 10-2-3 所示。

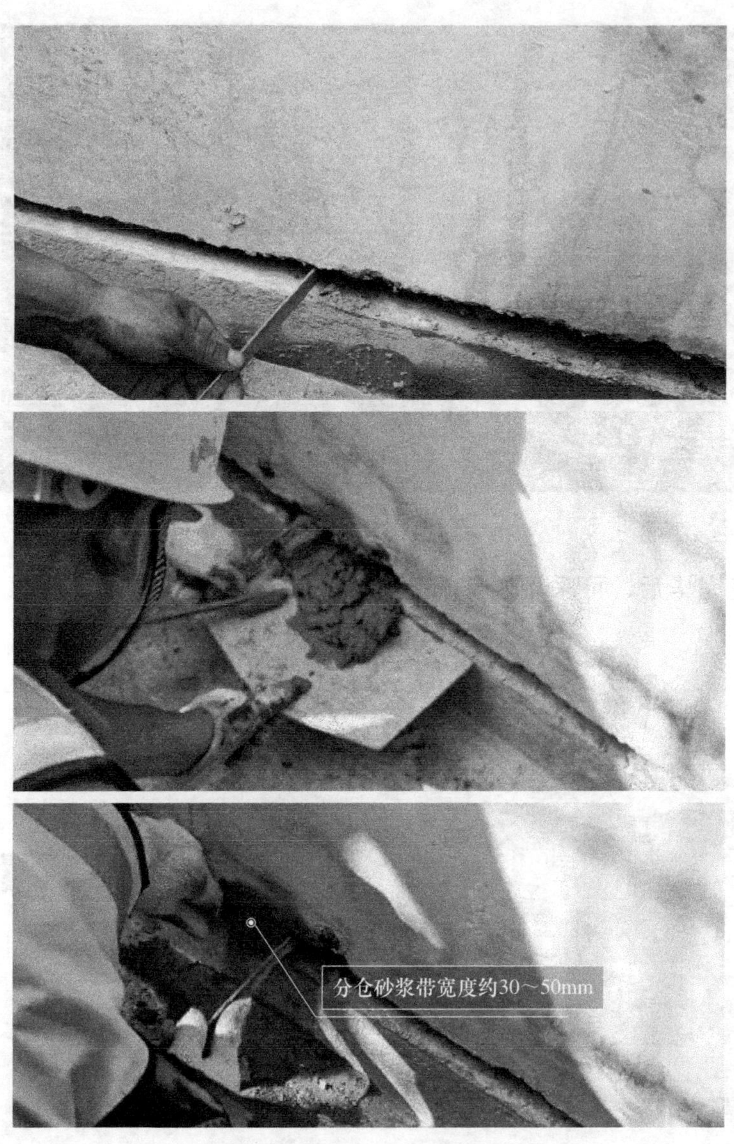

图 10-2-3　作业流程

（3）接缝封仓作业

在进行接缝封仓作业时，应使用专用封堵材料，并按说明书要求加水搅拌均匀。封堵时，先向连通灌浆腔内填塞封缝料内衬（内衬材料可以是软管、PVC 管，也可以是钢板），然后对填塞封缝料内衬的区域填抹大约 1.5～2cm 深的封堵料（确保不堵塞套筒孔），一段抹完后抽出内衬进行下一段填抹。接缝封堵必须保证封堵严密、牢固可靠，否则在压力注浆时会产生漏浆。此外，封缝料不应减小结合面的设计面积。填抹完毕，封缝料抗压强度达到 30MPa 后（常温 24h 约 30MPa）后才可进行灌浆。

另外，对于预制外墙而言，在该预制构件吊装前，应事先在其安装位置靠外侧用密封带固定封边。密封带要有一定厚度，压扁到接缝高度（一般 2cm）后还要有一定的强度。密封带要求不吸水，防止吸收灌浆料水分引起收缩，密封带在预制构件吊装前，固定安装在底部基础的平整表面上。接缝分仓作业见图 10-2-4。

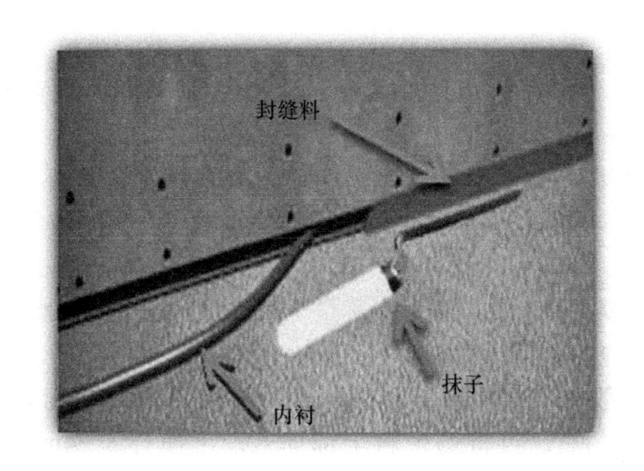

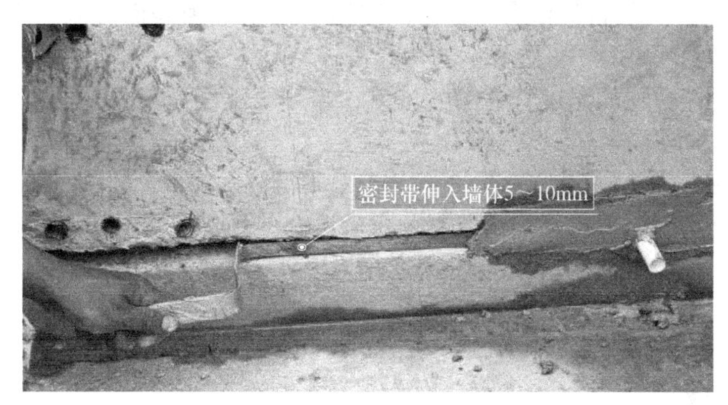

图 10-2-4　接缝封仓作业

10.3　正式灌浆前的现场准备工作

1. 工具及物料准备

（1）对预制构件中的每个灌浆套筒进行编号并做出标记，以便于灌浆施工过程中的记录。

（2）逐个检查各灌浆套筒以及灌浆管、出浆管内有无杂物，可采用空压机向灌浆套筒的灌浆孔内吹气以吹出杂物。

（3）检查并确保构件和所有支撑的形态都被可靠固定，防止灌浆和养护过程中的移动。

（4）检查并确保灌浆料搅拌设备和灌浆设备运转正常、无故障。

（5）准备好制备灌浆料拌合物以及灌浆所需的各项材料、工具、配件。

（6）应检查灌浆料产品包装上的有效期。

2. 灌浆料制备

在进行灌浆料的制备之前，应确认灌浆料是否与型式检验灌浆料一致，如不一致则要重新进行型式检测或者更换与检测一致的灌浆料。确认灌浆料满足要求后，按照以下流程完成灌浆料的制备工作。

（1）准备灌浆料（打开包装袋，检查灌浆料有无受潮结块或其他异常）和清洁用水。

（2）准备施工用具。主要包括：温湿度计、电子秤和刻度杯、不锈钢制浆桶、水桶、手提变速搅拌器、灌浆枪、灌浆泵（采用灌浆泵时应有停电应急措施）、卷尺和三联模等。

（3）取适量灌浆料及水，在电子秤上称量干粉和水。灌浆料加水量应按灌浆料使用说明书的要求确定，并应按重量计量。

（4）放料时，一般先将水倒入搅拌桶，然后加入约 70% 干粉料，用专用搅拌器搅拌 1～2min 且大致均匀后，再将剩余料全部加入，再搅拌 3～4min 至彻底均匀。静置约 2～3min 排气，使浆料气泡自然排出，使用小铲子刮掉表面气泡，然后进行实验和留样。

（5）灌浆料拌合物的温度宜为 10～30℃，当环境温度低于 5℃或高于 35℃时，应采取有效措施调节水温。

（6）灌浆料拌合物制备完成后，任何情况下不得再次加水，散落的拌合物不得二次使用，剩余的拌合物不得再次添加灌浆料、水后混合使用；灌浆料拌合物宜在 30min 内用完；搅拌结束后，将手持搅拌器在旁边清水桶中搅拌，清洗搅拌器叶片。

3. 灌浆料检验

（1）流动度检验

每工作班应检查灌浆料拌合物初始流动度不少于 1 次，指标应符合现行行业标准《钢筋连接用套筒灌浆料》JG/T 408 的有关规定，具体要求如表 10-3-1 所示。

灌浆料性能指标 **表 10-3-1**

物性要求	时间	套筒灌浆料
流动度	0min	≥ 300mm
	30min	≥ 260mm
抗压强度	1d	≥ 35MPa
	3d	≥ 60MPa
	28d	≥ 85MPa
竖向膨胀率	3h	0.02%～2%
	3h 与 24h 之间的差值	0.02%～0.4%

1）工具准备

① 应采用符合《行星式水泥胶砂搅拌机》JC/T 681 要求的搅拌机拌合水泥基灌浆材料。

② 截锥圆模应符合《水泥胶砂流动度测定方法》GB/T 2419 的规定，尺寸为下口内径 100mm±0.5mm，上口内径 70mm±0.5mm，高 60mm±0.5mm。

③ 玻璃板尺寸 500mm×500mm，并应水平放置。

2）流动度试验

灌浆料的流动度试验应按下列步骤进行：

① 称取 1800g 水泥基灌浆材料，精确至 5g；按照产品设计（说明书）要求的用水量称量好拌合用水，精确至 1g。

② 湿润搅拌锅和搅拌叶，但不得有明水。将水泥基灌浆材料倒入搅拌锅内，开启搅拌机，同时加入拌合水，应在 10s 内加完。见图 10-3-1。

③ 按水泥胶砂搅拌机的设定程序搅拌 240s。

④ 湿润玻璃板和截锥圆模内壁，但不得有明水；将截锥圆模放置在玻璃板中间位置。

⑤ 将水泥基灌浆料浆体倒入截锥圆模内，直至浆体与截锥圆模上口平齐；徐徐提起截锥圆模，让浆体在无扰动条件下自由流动直至停止。

⑥ 测量浆体最大扩散直径及与其垂直的直径，计算平均值，精确到 1mm，作为流动度初始值；应在 6min 内完成上述搅拌和测量过程。见图 10-3-2。

图 10-3-1 灌浆料搅拌

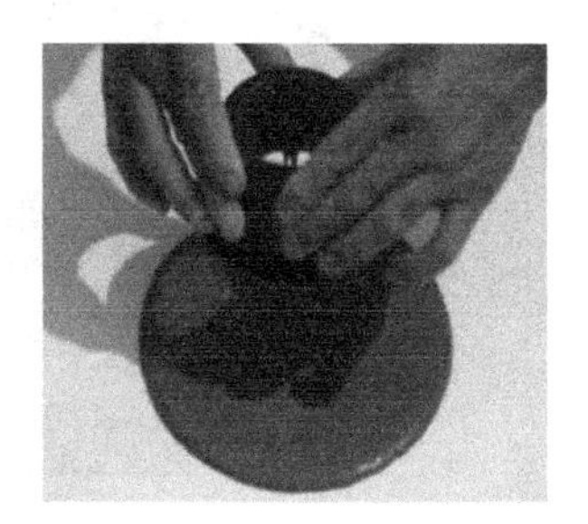

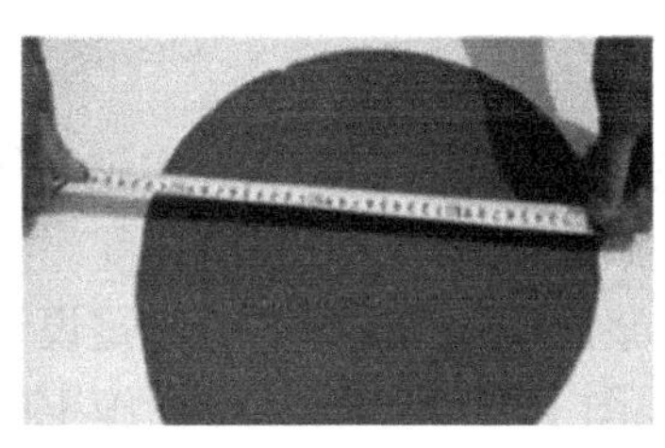

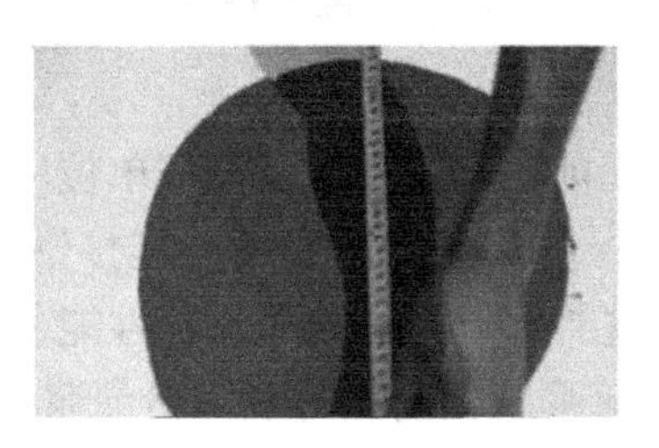

图 10-3-2 灌浆料流动度检测

⑦ 将玻璃板上的浆体装入搅拌锅内，并采取防止浆体水分蒸发的措施。自加水拌合30min时，将搅拌锅内的浆体按照③～⑤步骤试验，测定结果作为30min的保留值。

（2）灌浆料强度检验

根据需要进行灌浆料现场抗压强度检验。每工作班取样不得少于1次。

1）工具选择

① 抗压强度试验试件应采用尺寸为40mm×40mm×160mm的棱柱体，且宜使用可拆卸钢制试模，如图10-3-3所示；

② 抗压强度的试验应按《水泥胶砂强度检验方法（ISO法）》GB/T 17671中的规定执行。

2）抗压强度试验步骤

为了确保试验的准确性，严格按照以下步骤进行试块的抗压强度试验。

① 称取1800g水泥基灌浆材料，精确至5g；按照产品设计（说明书）要求的用水量称量好拌合用水，精确至1g。

② 湿润搅拌锅和搅拌叶，但不得有明水。将水泥基灌浆材料倒入搅拌锅中，开启搅拌机，同时加入拌合水，应在10s内加完。

③ 按水泥胶砂搅拌机的设定程序搅拌240s。

④ 将浆体灌入试模，至浆体与试模的上边缘平齐，成型过程中不应振动试模。应在6min内完成搅拌和成型过程。

⑤ 将装有浆体的试模在成型室内静置2h后移入养护箱。

⑥ 抗压强度的试验应按《水泥胶砂强度检验方法（ISO法）》GB/T 17671中的有关规定执行。

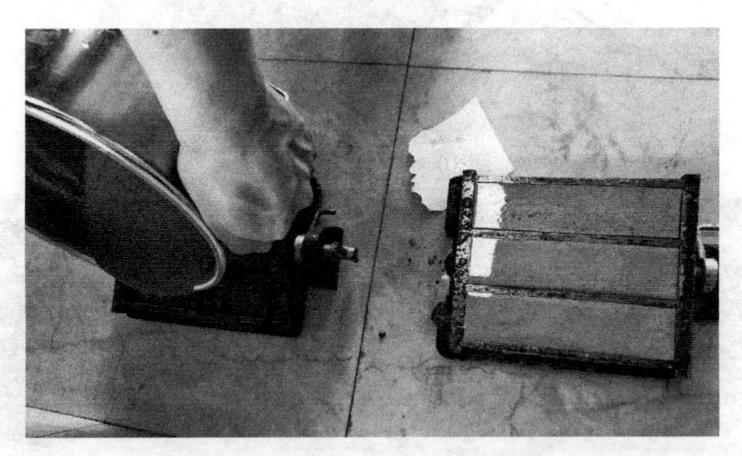

图10-3-3　灌浆料强度试块制作钢制试模

（3）签发灌浆令

在钢筋套筒灌浆施工前，施工单位及监理单位应联合对灌浆准备工作、实施条件、安全措施等进行全面检查，应重点核查套筒内连接钢筋长度及位置、坐浆料强度、接缝分仓、分仓材料性能、接缝封堵方式、封堵材料性能、灌浆腔连通情况等是否满足设计及规范要求。每个班组每天灌浆施工前应签发一份灌浆令（图10-3-4），灌浆令由施工单位项目负责人和总监理工程师同时间签发，取得后方可进行灌浆，灌浆令在当日有效。

灌 浆 令

<table>
<tr><td>工程名称</td><td colspan="4"></td></tr>
<tr><td>灌浆施工单位</td><td colspan="4"></td></tr>
<tr><td>灌浆施工部位</td><td colspan="4"></td></tr>
<tr><td>灌浆施工时间</td><td colspan="4">自 年 月 日 时起至 年 月 日 时止</td></tr>
<tr><td rowspan="4">灌浆施工人员</td><td>姓名</td><td>考核编号</td><td>姓名</td><td>考核编号</td></tr>
<tr><td></td><td></td><td></td><td></td></tr>
<tr><td></td><td></td><td></td><td></td></tr>
<tr><td></td><td></td><td></td><td></td></tr>
<tr><td rowspan="7">工作界面完成检查及情况描述</td><td rowspan="2">界面检查</td><td colspan="3">套筒内杂物、垃圾是否清理干净 是☐ 否☐</td></tr>
<tr><td colspan="3">灌浆孔、出浆孔是否完好、整洁 是☐ 否☐</td></tr>
<tr><td rowspan="2">连接钢筋</td><td colspan="3">钢筋表面是否整洁、无锈蚀 是☐ 否☐</td></tr>
<tr><td colspan="3">钢筋的位置及长度是否符合要求 是☐ 否☐</td></tr>
<tr><td rowspan="2">分仓及封堵</td><td colspan="3">封堵材料： 封堵是否密实 是☐ 否☐</td></tr>
<tr><td colspan="3">分仓材料： 是否按要求分仓 是☐ 否☐</td></tr>
<tr><td>通气检查</td><td colspan="3">是否通畅 是☐ 否☐
不通畅预制构件编号及套筒编号：</td></tr>
<tr><td rowspan="4">灌浆准备工作情况描述</td><td>设备</td><td colspan="3">设备配置是否满足灌浆施工要求 是☐ 否☐</td></tr>
<tr><td>人员</td><td colspan="3">是否通过考核： 是☐ 否☐</td></tr>
<tr><td>材料</td><td colspan="3">灌浆料品牌： 检验是否合格： 是☐ 否☐</td></tr>
<tr><td>环境</td><td colspan="3">温度是否符合灌浆施工要求 是☐ 否☐</td></tr>
<tr><td rowspan="3">审批意见</td><td colspan="4">上述条件是否满足灌浆施工条件，
同意灌浆 ☐ 不同意，整改后重新申请 ☐</td></tr>
<tr><td>项目负责人</td><td></td><td>签发时间</td><td></td></tr>
<tr><td>总监理工程师</td><td></td><td>签发时间</td><td></td></tr>
</table>

注：本表由专职检验人员填写。 专职检验人员： 日期：

图 10-3-4 灌浆令

10.4 竖向预制构件灌浆连接施工

1. 灌浆施工步骤

应按照以下流程进行操作：

（1）向灌浆设备料斗内加入清水并启动灌浆设备，对料斗和灌浆管进行冲洗和润滑，持续开动灌浆设备，直至把所有的水从料斗和灌浆管中排出。然后将灌浆料拌合物倒入灌浆设备料斗并开启灌浆设备，观察出浆情况，直至圆柱状灌浆料拌合物从灌浆管喷嘴连续流出，方可灌浆。

（2）灌浆时，同一分仓区域，只能采用一处灌浆，两处以上同时灌浆会夹住空气，形成空气夹层，严禁两处灌浆（图 10-4-1）。灌浆过程始终保持在一个固定灌浆口压入灌浆料，不得随意更换灌浆口。

图 10-4-1　严禁两处灌浆

（3）当灌浆料从分仓段内出浆孔出浆时，应及时用专用橡胶塞封堵。待所有出浆孔均塞堵完毕后，保持压力 1min 左右，拔除注浆管。同时，立刻封堵注浆口，避免灌浆腔内经过保持压力的浆体溢出灌浆腔，造成注浆不实。拔除注浆管到封堵橡胶塞时间间隔不得超过 1s。

（4）正常灌浆浆料要在自加水搅拌开始 30min 内灌完。严禁将留在地上的灌浆料回收到灌浆机。

（5）通过控制注浆压力控制注浆料流速，控制依据为灌浆过程中本灌浆腔内已经封堵的灌浆孔或出浆孔的橡胶塞能耐住低压注浆压力不脱落为准。如果出现脱落则立即塞堵并调节压力。

（6）灌浆完毕后，及时清理溢流浆料，防止灌浆料凝固，污染楼面、墙面。

2. 问题处理

灌浆过程中常会出现各类突发状况，灌浆作业者应充分准备好预案，并按照要求进行处置，下面列出了灌浆作业时常见的问题：

（1）漏浆

灌浆时若出现漏浆（图 10-4-2），则停止灌浆并及时用环氧胶或快干砂浆封堵漏浆部位；漏浆严重则提起墙板重新封仓、灌浆。

灌浆完成后发现漏浆情况，必须进行二次补浆，二次补浆压力应比注浆时压力稍低，补浆时须打开靠近漏浆部位的出浆孔。选择距漏浆部位最近的灌浆孔进行注浆，待浆体流出，无气泡后用橡胶塞封堵。

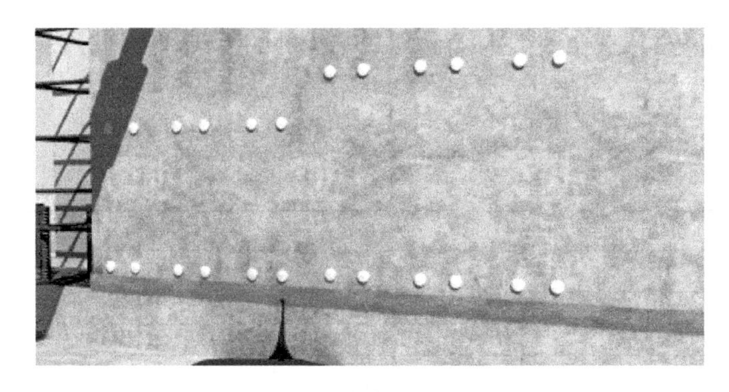

图 10-4-2　灌浆时出现漏浆

（2）无法出浆

当灌浆施工时出现无法出浆的情况，应查明其原因，采取的施工措施应符合下列规定：

① 对于未密实饱满的竖向连接灌浆套筒，在灌浆料加水拌合 30min 以内时，应首选在灌浆孔补灌；当灌浆料拌合物已无法流动时，可从出浆孔补灌（图 10-4-3），并应使用手动设备结合细管压力灌浆。

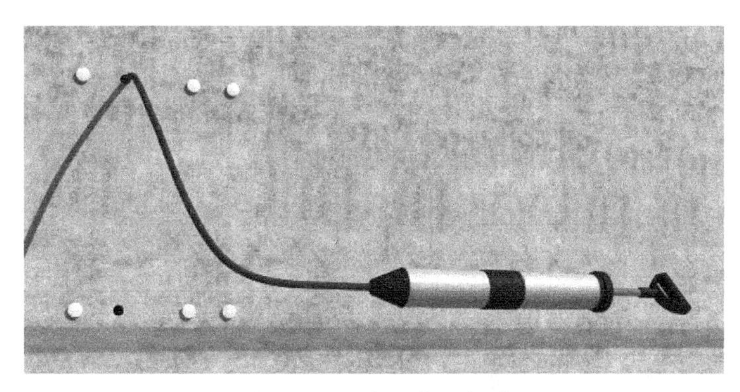

图 10-4-3　从出浆孔补灌

② 补灌应在灌浆料拌合物高于出浆孔最低点 5mm 时停止，并应在灌浆料拌合物凝固后再次检查其位置是否满足要求。

3. 灌浆连接维护

灌浆作业结束后，在灌浆料同条件试块强度达到 35MPa 后，方可进入后续施工（扰动），且应满足下列要求：

① 在环境温度 15℃以上，24h 内预制构件不得受扰动。

② 在 5～15℃，48h 内预制构件不得受扰动。

③ 在 5℃以下时，视情况而定。

如对预制构件接头不采取加热保温措施，要保持加热 5℃以上至少 48h，期间构件不得受扰动。

灌浆完成后，施工专职检查人员要填写《钢筋套筒灌浆施工记录表》（图 10-4-4），监理人员应填写《监理人员旁站记录表》（图 10-4-5）。此外，留存照片和视频资料。灌浆施工视频记录文件应采用数字格式，按楼栋编号分类归档保存，文件名应包含楼栋号、楼层数、预制构件编号；视频记录文件宜按照单个构件的灌浆施工划分段落，宜定点、连续拍摄。

钢筋套筒灌浆施工记录表

工程名称：　　　　　施工单位：　　　　　灌浆日期：　年　月　日　天气状况：　　　灌浆环境温度：　℃

<table>
<tr><td rowspan="3">浆料搅拌</td><td colspan="9">批次　：干粉用量：　kg；水用量：　kg (1)；搅拌时间：　　：施工员：</td></tr>
<tr><td colspan="9">试块留置：是 □ 否 □ ；组数：　组（每组3个）；规格：40 mm× 40 mm× 160 mm（长×宽×高）；流动度：　mm</td></tr>
<tr><td colspan="9">异常现象记录：</td></tr>
<tr><td>楼号</td><td>楼层</td><td>构件名称及编号</td><td>灌浆孔号</td><td>开始时间</td><td>结束时间</td><td>施工员</td><td>异常现象记录</td><td>是否补灌</td><td>有无影像资料</td></tr>
<tr><td></td><td></td><td></td><td></td><td></td><td></td><td></td><td></td><td></td><td></td></tr>
<tr><td></td><td></td><td></td><td></td><td></td><td></td><td></td><td></td><td></td><td></td></tr>
<tr><td></td><td></td><td></td><td></td><td></td><td></td><td></td><td></td><td></td><td></td></tr>
<tr><td></td><td></td><td></td><td></td><td></td><td></td><td></td><td></td><td></td><td></td></tr>
<tr><td></td><td></td><td></td><td></td><td></td><td></td><td></td><td></td><td></td><td></td></tr>
<tr><td></td><td></td><td></td><td></td><td></td><td></td><td></td><td></td><td></td><td></td></tr>
<tr><td></td><td></td><td></td><td></td><td></td><td></td><td></td><td></td><td></td><td></td></tr>
<tr><td></td><td></td><td></td><td></td><td></td><td></td><td></td><td></td><td></td><td></td></tr>
<tr><td></td><td></td><td></td><td></td><td></td><td></td><td></td><td></td><td></td><td></td></tr>
<tr><td></td><td></td><td></td><td></td><td></td><td></td><td></td><td></td><td></td><td></td></tr>
<tr><td></td><td></td><td></td><td></td><td></td><td></td><td></td><td></td><td></td><td></td></tr>
</table>

注：1. 灌浆开始前，应对各灌浆孔进行编号；2. 灌浆施工时，环境温度超过允许范围应采取措施；　　　专职检验人员：　　　日期：
3. 浆料搅拌后须在规定时间内灌注完毕；4. 灌浆结束应立即清理灌浆设备。

图 10-4-4　钢筋套筒灌浆施工记录表

监理人员旁站记录

工程名称：＿＿＿＿＿＿＿＿　　　　编号：＿＿＿＿＿＿＿＿

<table>
<tr><td>旁站的关键部位、关键工序</td><td></td><td>施工单位</td><td></td></tr>
<tr><td>旁站开始时间</td><td>年　月　日　时　分</td><td>旁站结束时间</td><td>年　月　日　时　分</td></tr>
<tr><td colspan="4">旁站的关键部位、关键工序施工情况：
灌浆施工人员通过考核：　是 □　否 □
专职检验人员到岗：　是 □　否 □
设备配置满足灌浆施工要求　是 □　否 □
环境温度符合灌浆施工要求　是 □　否 □
浆料配比搅拌符合要求　是 □　否 □
出浆口封堵工艺符合要求　是 □　否 □
出浆口未出浆，采取的补灌工艺符合要求　是 □　否 □　不涉及 □</td></tr>
<tr><td colspan="4">发现的问题及处理情况：

旁站监理人员（签字）：
年　月　日</td></tr>
</table>

注：本表一式一份，项目监理机构留存。

图 10-4-5　监理人员旁站记录表

10.5 横向预制构件灌浆连接施工

在装配式建筑中，除了常见的竖向预制构件外，还有横向预制构件采用灌浆套筒的连接方式，本节重点对横向预制构件的灌浆施工作业进行介绍。根据《钢筋套筒灌浆连接应用技术规程》JGJ 355—2015 的规定：当预制构件采用水平连接时，应进行每个套筒独立灌浆作业。

1. 横向预制构件灌浆施工流程

由于水平预制构件中采用灌浆连接方式的预制构件主要为预制叠合梁，以下以预制框架叠合梁为例，对其纵筋套筒灌浆施工操作控制工艺流程进行详解（图 10-5-1）。受施工工艺的限制，预制叠合梁等水平构件的纵筋连接通常采用在施工现场安装全灌浆套筒进行单独灌浆的作业方式。

图 10-5-1　预制横向构件灌浆施工流程

（1）验收

首先，对灌浆套筒和匹配的灌浆料进行进场验收。通常灌浆套筒和灌浆料的选择，由现场施工单位完成，省去施工单位与预制构件生产单位之间的协调环节。

（2）标记

在预制构件吊装前，用记号笔在待连接钢筋上做插入深度定位标记（标记画在钢筋上部，要清晰、不易脱落）如图 10-5-2 所示，然后将套筒全部套入一侧预制叠合梁的连接钢筋上，如图 10-5-3 所示。

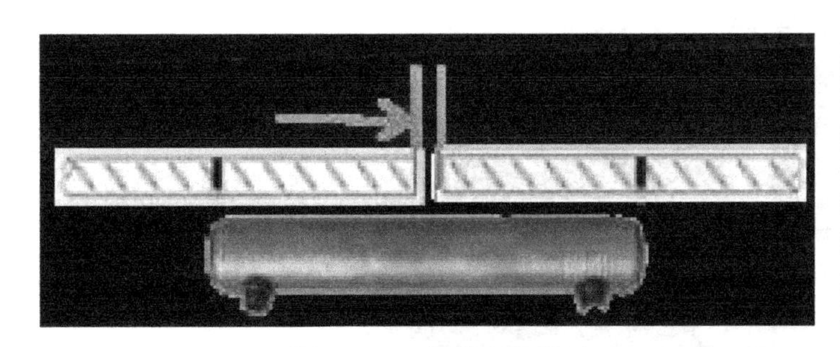

图 10-5-2　钢筋上做标记

图 10-5-3　安装一侧灌浆套筒

（3）套筒安装就位

预制构件吊装后，检查两侧预制构件伸出的待连接钢筋位置及长度偏差，合格后将套筒按标记移至两根待接钢筋中间，如图 10-5-4 所示，安装时应转动套筒使灌浆嘴朝向正上方 ±45°，并检查套筒两侧密封圈是否正常。

图 10-5-4　套筒安装就位

（4）灌浆料制备

灌浆料的制备要求与竖向预制构件的灌浆料制备要求相同，具体要求可参阅本章 10.3 节的相关内容。

（5）套筒灌浆

由于预制梁用套筒是每个接头单独灌浆，一般使用手动灌浆枪灌浆（图 10-5-5）。灌浆时用灌浆枪的灌浆口从套筒的一端向套筒内灌浆，至浆料从套筒另一端的出浆口处流出为止。

图 10-5-5　手动灌浆枪灌浆

灌浆完成后立刻检查套筒是否两端漏浆并及时处理。灌浆料凝固后，检查灌浆口、排浆口，凝固的灌浆料上表面应高于套筒上沿。

（6）后续施工

由于预制梁用灌浆套筒处于现浇带处，暴露在外，且预制梁构件跨度大、固定支撑难度大，故灌浆完成后，在同步灌浆料试块强度达到35MPa前，不得踩踏套筒，不得有对预制构件接头有扰动的后续施工。

2. 横向灌浆施工

以下内容按照中国建筑业协会标准《钢筋套筒灌浆连接施工技术规程》T/CCIAT 0004—2019中关于横向预制构件的连接要求进行编写。受施工工艺的限制，预制梁等水平构件的纵筋连接通常采用在施工现场全灌浆套筒单独灌浆的作业方式。

（1）预制构件吊装前检查

① 预制构件与现浇区段结合面应洁净、无油污，并应符合设计及现行行业标准《装配式混凝土结构技术规程》JGJ 1的有关规定。

② 高温干燥季节宜对预制构件与现浇区段结合面做浇水湿润处理，但不得形成积水。

③ 外露连接钢筋表面不应粘连混凝土、砂浆等，不应发生锈蚀；外露钢筋应顺直，当外露连接钢筋倾斜时可用钢管套住校正。

④ 外露连接钢筋的位置、尺寸偏差应符合表10-5-1的规定，超过允许偏差应处理。

外露连接钢筋的位置、尺寸允许偏差 **表10-5-1**

项目		允许偏差	检验方法
外露连接钢筋	中心位置	＋2mm，0	尺量
	外露长度	＋10mm，0	

⑤ 检查预制构件的类型及编号。

⑥ 检查灌浆套筒内有无异物，管路是否畅通，当灌浆套筒或管路内有杂物时，应清理干净。

（2）横向预制构件安装

水平钢筋套筒灌浆连接主要用于预制梁。以下从灌浆方式、连接钢筋标记、灌浆孔与出浆孔位置、灌浆套筒封堵、预制梁水平连接钢筋偏差等方面提出了施工措施要求。

① 灌浆套筒各自应独立灌浆。

② 连接钢筋的外表面应标记插入灌浆套筒最小锚固长度，标记位置应准确、颜色应清晰。

③ 灌浆套筒安装就位后，灌浆孔、出浆孔位于套筒水平轴正上方±45°的锥体范围内，安装灌浆管、出浆管时应确保安装牢固，且灌浆管、出浆管管口高度应超过灌浆套筒外表面最高位置。塞紧灌浆套筒两端的橡胶塞，确保钢筋与灌浆套筒间隙密封，灌浆时不漏浆。

④ 吊装横向预制构件时，应确保预制构件位置准确、两端外露连接钢筋对接良好，

两端外露连接钢筋轴线偏差不应大于5mm，水平间距不应大于30mm，超过允许偏差的应予以处理。构件位置校准完成后设置临时支撑固定。

（3）横向预制构件灌浆施工

横向预制构件灌浆施工的要点在于灌浆料拌合物流动的最低点要高于灌浆套筒外表面最高点，此时可停止灌浆并及时封堵灌浆管、出浆管管口。为了方便观察灌浆管、出浆管内灌浆料拌合物高度变化，用于灌浆套筒的灌浆管、出浆管宜采用透明或半透明材料。横向预制构件的具体灌浆施工流程如下：

① 向灌浆设备料斗内加入清水并启动灌浆设备，对料斗和灌浆管进行冲洗和润滑处理，持续开动灌浆设备，直至把所有的水从料斗和灌浆管中排出。

② 将灌浆料拌合物倒入灌浆设备料斗并启动灌浆设备，直至圆柱状灌浆料拌合物从灌浆管持续流出，方可灌浆。

③ 对每个灌浆套筒各自独立灌浆。采用压浆法从灌浆套筒的灌浆管注入灌浆料拌合物，当灌浆套筒的灌浆管、出浆管内的灌浆料拌合物均高于灌浆套筒外表面最高点时应停止灌浆，并及时封堵灌浆管、出浆管管口。

④ 同一连接区段的灌浆套筒全部灌浆完毕后30s内，发现灌浆管、出浆管内灌浆料拌合物下降至灌浆套筒外表面最高点以下时，应检查灌浆套筒的密封或灌浆料拌合物的排气情况，并及时进行补灌或采取其他措施。

⑤ 完成灌浆后，将灌浆设备料斗装满水，启动灌浆设备，直至清洁的水从灌浆管喷嘴流出并排净，方可关闭灌浆设备，以免浆料残留在料斗、软管或喷嘴内固化，损坏灌浆设备。

⑥ 灌浆施工结束且灌浆料拌合物凝固后应进行灌浆质量检查。检查时观察凝固后的灌浆料拌合物凹处表面最低点是否高于套筒外表面最高点，发现问题应及时采取有效措施处理。

（4）连接部位保护

① 灌浆后应加强连接部位保护，避免受到任何冲击或扰动，灌浆料同条件养护试件抗压强度达到35MPa后，方可进行对接头有扰动的后续施工。

② 临时固定措施的拆除应在灌浆料抗压强度能确保结构达到后续施工承载力要求后进行。

上述两条保护措施有其适用范围，具体说明如下：

A. 为及时了解接头养护过程中灌浆料实际强度变化，明确可进行对接头有扰动施工的时间，应留置灌浆料同条件养护试件。灌浆料同条件养护试件应保存在构件旁边，并采取适当的防护措施。当有可靠经验时，灌浆料抗压强度也可根据考虑环境温度因素的抗压强度增长曲线由经验确定。

B. 上面规定主要适用于后续施工可能对接头有扰动的情况，包括预制构件就位后立即进行灌浆作业的先灌浆工艺，及所有预制框架柱的竖向钢筋连接。对浇筑边缘构件与预制楼板叠合层，进行灌浆施工的预制剪力墙结构，可不执行上面的规定。

C. 但此种施工工艺无法再次吊起预制墙板，且拆除预制构件的代价很大，故应采取更加可靠的灌浆及质量检查措施。通常情况下，环境温度在15℃以上，24h内不可扰动连接部位；环境温度在5～15℃时，48h内不可扰动连接部位；环境温度在5℃以下时，则视情况而定，如对预制构件连接部位采取加热保温措施，须加热至 5℃以上并保持至少 48h，期间不可扰动连接部位。

3. 检查与验收

预制水平构件的检查与验收主要包括：灌浆接头型式检验报告、施工前灌浆接头工艺检验、灌浆套筒及灌浆料进厂（场）检验、灌浆施工中灌浆料抗压强度检验、灌浆料拌合物流动度检验及灌浆质量检验。以下主要介绍横向预制构件灌浆施工的检查验收。

（1）流动度

在灌浆施工中，灌浆料拌合物的流动度应符合现行行业标准《钢筋连接用套筒灌浆料》JG/T 408 的有关规定。

检查数量：每个工作班取样不得少于 1 次。

检验方法：检查灌浆施工记录及流动度试验报告。

（2）抗压强度

在灌浆施工中，灌浆料的 28d 抗压强度应符合现行行业标准《钢筋套筒灌浆连接应用技术规程》JGJ 355 的有关规定，用于检验抗压强度的灌浆料试件应在施工现场制作。

检查数量：每个工作班取样不得少于 1 次，每楼层取样不得少于 3 次，每次抽取 1 组 40mm×40mm×160mm 的试件，标准养护 28d 后进行抗压强度试验。

（3）质量检验

灌浆施工结束后，应按照以下规定进行灌浆质量检验。

灌浆施工结束且灌浆料拌合物凝固后应进行灌浆质量检验。检验时取下出浆孔堵孔塞，检查凝固后的灌浆料拌合物凹处表面最低点是否高于出浆孔最低点 5mm 以上，发现问题应及时采取有效措施处理。

检查数量：全数检查。

检验方法：检查灌浆施工记录。

（4）不合格处理

当施工过程中灌浆料抗压强度、灌浆质量不符合要求时，应由施工单位提出技术处理方案，经监理、设计单位认可后进行处理，经处理后的部位应重新验收。

检查数量：全数检查。

检验方法：检查处理记录。

10.6 灌浆施工常见问题及解决方法

本节内容主要对灌浆施工作业过程中常见的问题进行剖析，详细说明问题出现的原因，问题的处理方法及原则，以及对于同类问题的预防措施等。装配式建筑灌浆作业常见问题如下：

1. 漏浆

（1）问题表现及影响

灌浆过程中，由于分仓及封仓不密实的原因，导致结构灌浆不饱满，或灌浆料进入非灌浆处，造成质量隐患。

（2）原因分析

① 灌浆过程中，由于封缝材料强度不足，灌浆后期压力较高出现漏浆。

② 连通腔灌浆完成后，密封材料处不严密进而缓慢渗漏灌浆料。

③ 分仓时，隔仓密封材料宽度不足，或未形成有效隔离，在压力下灌浆料串仓泄漏，构件外难以及时发现，导致套筒灌浆饱满后缓慢漏浆。

（3）预防措施

① 使用性能可靠的密封材料，预留封缝材料同条件试块，待抗压强度达到灌浆要求时，方可灌浆。

② 严格按照封缝施工流程进行操作，保证坐浆层封缝严密。

（4）处理措施

灌浆时若出现漏浆，则停止灌浆，及时用环氧胶或快干砂浆封堵漏浆部位，进行补灌；漏浆严重则提起预制墙板重新封仓、灌浆。

2. 难以灌入结构

（1）问题表现及影响

灌浆过程中，使用灌浆设备无法将正常拌合的灌浆料送入灌浆孔道，接头灌浆饱满度存在重大隐患。

（2）原因分析

① 灌浆料骨料过于粗大、流动性差，灌浆料在灌浆孔道内阻力大。

② 灌浆套筒内存在杂物，堵塞灌浆孔道。

③ 灌浆设备工作压力不足，无法保证灌浆料的正常输送。

（3）预防措施

① 严格按照《钢筋套筒灌浆连接应用技术规程》JGJ 355 的要求，使用与灌浆套筒相匹配的灌浆料。

② 逐个检查各灌浆套筒以及灌浆管、出浆管内有无杂物，可采用空压机向灌浆套筒的灌浆孔内吹气以吹出杂物。

③ 使用满足本结构接头灌浆压力所需性能的专用灌浆设备。

3. 封浆料堵塞进浆孔道

（1）问题表现及影响

封浆料进入套筒下口，堵塞进浆通道。如图 10-6-1 所示。

（2）原因分析

接缝封堵或分仓时，没有正确操作，导致浆料进入套筒孔内。

（3）预防措施

① 为了防止坐浆料遮挡套筒孔口，分仓缝与连接钢筋外缘的距离应大 40mm。

② 分仓缝宜和墙板垫片结合在同一处位置，防止垫片造成连通腔内灌浆料流动受阻。

③ 封堵时，先向连通灌浆腔内填塞封缝料内衬（内衬材料可以是软管、PVC 管，也可以是钢板），然后对填塞封缝料内衬处填抹 1.5～2cm 厚封堵料，确保不堵套筒孔。

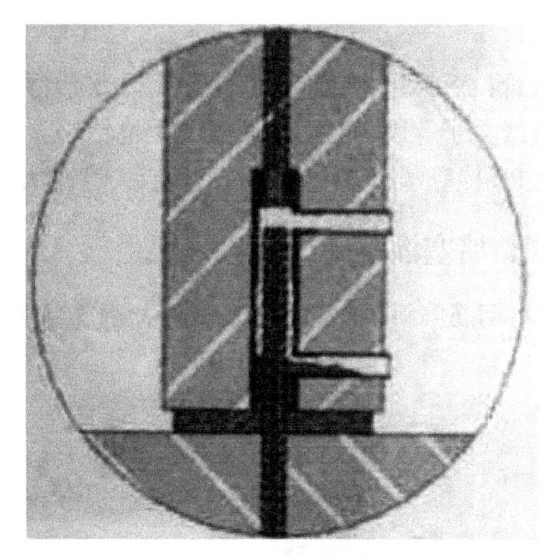

图 10-6-1　封浆料进入灌浆套筒下口

（4）处理措施

① 用錾子剔除灌浆口处的砂浆；

② 用空压机或水清洗灌浆通道，确保从进浆口到排浆口通道的畅通；

③ 对此套筒进行单个灌浆。

4. 异物堵塞灌浆口、排浆口

（1）问题表现及影响

PC 构件制作时，有碎屑或异物进入灌浆口、排浆管口内，堵塞灌浆料通道，导致无法灌浆或灌浆不饱满等质量问题。如图 10-6-2 所示。

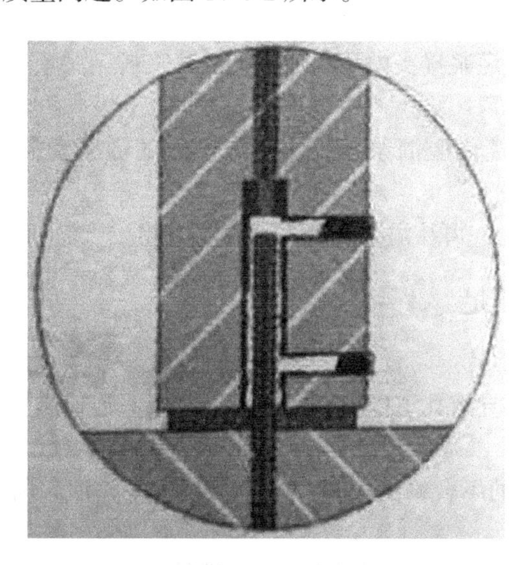

图 10-6-2　灌浆孔、排浆管口异物堵塞

（2）原因分析

构件制作、运输和堆放过程中有杂物进入。

（3）防治措施

① 安装灌浆孔、排浆管口后，用密封塞堵住出口，防止杂物进入。

② 如果是混凝土碎渣或石子等硬物，用钢錾子或手枪钻剔除。

③ 如果是密封胶塞或 PE 棒等塑料，用钩状的工具或尖嘴钳从灌浆口或排浆口处挖出。

5. 钢筋贴套筒内壁，堵塞灌浆孔

（1）问题表现及影响：钢筋偏斜，构件安装完成后，钢筋贴壁堵塞灌浆口，难以灌浆。如图 10-6-3 所示。

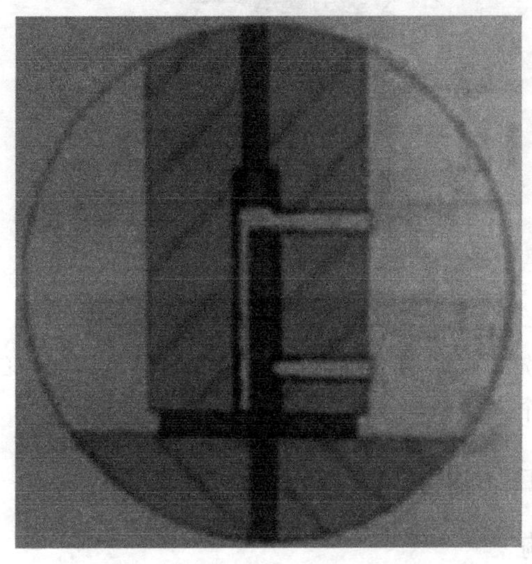

图 10-6-3　钢筋贴壁堵塞灌浆孔

（2）原因分析

贴壁钢筋与灌浆腔或灌浆接头内孔间隙过小，灌浆料无法顺利通过。

（3）防治措施

① 生产时，选择套筒内腔灌浆孔处沟槽深度大的灌浆套筒，使用与套筒匹配的灌浆料。

② 施工时，发现堵孔，可从溢浆孔灌入套筒内空腔。

6. 灌浆料流动性不足

（1）问题表现及影响

灌浆料流动度不足，导致孔道内灌浆困难，影响接头连接质量。

（2）原因分析

① 使用凝结时间短的不合格灌浆料，在自然条件下，灌浆料凝结时间最低不得少于 30min。

② 未按照灌浆料使用说明进行拌制，灌浆料搅拌过程不充分，或水灰比偏低，导致灌浆料流动度降低；灌浆料搅拌后，静置时间过长，在灌浆前未二次搅拌。

（3）防治措施

① 使用灌浆料前，严格按照相关规程进行进场检验，避免灌浆料未检先用，杜绝使

用不合格品。

② 灌浆料使用时，应严格按照厂家提供的使用说明，规范搅拌方法，控制水灰比。

7. 留取灌浆料试块抗压强度不合格

（1）问题表现及影响

现场按楼层、班组留取 28d 灌浆料试块抗压强度检验不合格。

（2）原因分析

① 使用的灌浆料质量不合格。

② 未按规范要求制作灌浆料试块。

③ 灌浆料试块在现场成型，养护不当。

（3）防治措施

① 使用质量稳定的灌浆料产品，使用前检查产品外观，做好灌浆料现场制作的各项记录。

② 加强灌浆施工队伍的建设，掌握灌浆料的正确使用和试块制作要求，灌浆料充分硬化具有一定强度后脱模。

③ 试块上标记清晰正确的成型时间，放置在标准养护环境下养护 28d 后送检。

练习与思考

一、填空题

1. 灌浆专项施工方案中应明确吊装灌浆工序作业时间节点、__________、分仓设置、补灌工艺和坐浆工艺等要求。

2. 吊装完成后采用 __________对接缝处进行疏通，清理表面浮灰，确保接缝处内无油污、浮渣等。

3. 在进行灌浆料的制备之前，应确认灌浆料是否与型式检验灌浆料一致，必须采用经过 __________检验，并在构件厂检验套筒强度时配套的接头专用灌浆料。

4. 灌浆时，同一分仓区域，只能采用 __________灌浆方式，两处以上同时灌浆会夹住空气，形成空气夹层。

5. 当灌浆完成后发现漏浆，必须进行 ________，________压力应比注浆时压力稍低，补浆时须打开靠近漏浆部位的出浆孔。

6. 水平钢筋套筒灌浆连接主要用于 __________。

7. 灌浆时若出现漏浆，则停止灌浆，及时用 __________或快干砂浆封堵漏浆部位，进行补灌。

二、选择题

1. 施工单位应指派专职（　　）人员，对现场灌浆料拌合物的制备、灌浆料拌合物流动度检验、灌浆料强度检验试件的制作及灌浆施工进行全过程监督并记录。

A. 灌浆　　B. 打胶

C. 检验　　D. 供货

2. 对安装吊装就位，并调整校正的预制构件进行灌浆施工，混凝土预制构件的灌浆施工作业一般流程中不包含以下哪一项（　　）。

A. 分仓处理　　B. 灌浆料检测

C. 灌浆料制备　　D. 浇筑混凝土

3. 在灌浆施工流程中，下图表示的是哪个步骤（　　）。

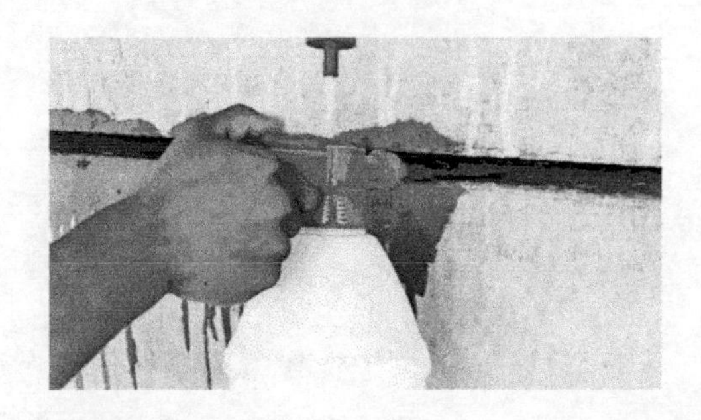

A. 喷雾湿润　　　　B. 清理浮尘

C. 清除油污　　　　D. 打胶填缝

4. 对预制构件中的每个（　　）进行编号并做出标记，便于灌浆施工过程中形成记录。

A. 钢筋　　　　B. 灌浆套筒

C. 构件　　　　D. 灌浆料

5. 灌浆料制备之前，准备施工器具不包含以下哪一项（　　）。

A. 水泵　　　　B. 刻度杯

C. 搅拌器　　　　D. 电子秤

6. 灌浆料拌合物的温度宜为10～30℃，当环境温度低于（　　）或高于35℃时，应采取有效措施调节水温。

A. 2℃　　　　B. 5℃

C. 8℃　　　　D. 10℃

7. 每工作班应检查灌浆料拌合物初始流动度不少于（　　）次。

A. 1　　　　B. 2

C. 3　　　　D. 4

8. 将水泥基灌浆材料倒入搅拌锅中，开启搅拌机，同时加入拌合水，应在（　　）内加完。

A. 5s　　　　B. 10s

C. 30s　　　　D. 60s

9. 正常灌浆浆料要在自加水搅拌开始（　　）内灌完。严禁将留在地上的灌浆料回收到灌浆机。

A. 5min　　　　B. 10min

C. 15min　　　　D. 30min

10. 灌浆套筒安装就位后，灌浆孔、出浆孔位于套筒水平轴正上方（　　）。

A. ±20°　　　　B. ±30°

C. ±45°　　　　D. ±60°

三、简答题

1. 施工单位应对现场灌浆施工进行全过程视频拍摄，该视频作为施工单位的工程施工资料留存，请简述视频内容。

2. 简述灌浆施工一般工艺流程。

3. 简述灌浆料制备过程。

4. 竖向构件灌浆连接施工中常见问题有哪些？

5. 简述横向构件灌浆施工流程。

第 11 章　装配式建筑安全文明及特殊季节施工

11.1　装配式建筑施工安全管理要求

1. 安全生产管理概述

（1）装配整体式混凝土预制构件施工安全生产管理的依据和要求

1）在安全生产管理中，应遵守国家、地方的相关法律法规以及规范、规程中对施工安全生产的具体要求。

2）应按照现行国家行业标准《建筑施工安全检查标准》JGJ 59、《建设工程施工现场环境与卫生标准》JGJ 146 等安全、职业健康的有关规定执行。

3）施工现场临时用电的安全应符合现行国家行业标准《施工现场临时用电安全技术规范》JGJ 46 和用电专项方案的规定。

4）施工现场消防安全应符合现行国家标准《建设工程施工现场消防安全技术规程》GB 50720 的有关规定。

（2）安全生产管理监督机构

1）应制定安全生产管理目标，并设立安全生产管理网络，明确安全生产责任制，对安全生产计划进行监督检查。

2）通过安全生产管理网络，监督施工现场安全生产管理，并分责任人、分部门落实安全生产责任制。

（3）安全生产管理制度

应针对装配整体式混凝土预制构件的施工特点，制定安全生产管理制度。

1）安全教育培训和持证上岗制度

① 宜设立装配整体式混凝土预制构件施工样板区，并利用宣传画、安全专栏等多种形式，组织安全教育培训。

② 对机械设备和特种作业人员，应按要求进行安全技术培训考核，取得作业上岗证后，才能进行作业。

2）安全生产档案管理制度

安全生产档案是安全生产管理的重要组成部分，应按法定的程序编制安全生产档案。安全生产档案的建立，必须做到规范化，并由专人保管。

3）制定安全操作规程

① 必须严格执行安全技术规程、岗位操作规程。在施工前，应进行安全技术交底，严格操作规范及安全纪律。

② 应根据国家和行业法律法规及规范规程，结合施工现场的实际情况制定安全操作规程。对于新工艺的应用，也应制定相应的安全操作规程。

4）事故应急救援预案编制、实施与演练制度

① 应对施工过程中存在的重大风险源进行识别，建立健全危险源管理规章制度，并根据各危险源的等级确定负责人，并定期检查。

② 制定事故应急救援预案。尤其应关注装配式建筑施工过程中可能发生的事故。制定事故的应急救援预案，经上级责任人审批合格后，应组织演练，全体员工应熟悉和掌握应急预案的内容，清楚具体实施的程序和方法，各相关部门积极配合，做好本职范围内的应急救援工作。

5）安全生产责任制度

安全生产责任制是基本的安全制度，也是所有安全制度的核心。施工现场应按要求配备安全管理人员，人员数量应满足 1 万 m^2 以下 1 人，1 万～5 万 m^2 不少于 2 人，5 万 m^2 以上不少于 3 人。

6）安全生产许可证制度

许可证在有效期 3 年期满的前 3 个月办延期的，且未发生死亡事故的，经原发证机关同意，可不再审查延期 3 年。

7）专项施工方案专家论证制度

涉及深基坑、地下暗挖、高大模板工程的专项施工方案还应组织专家论证。

8）施工起重机使用登记制度

施工单位应当自施工起重机和整体提升脚手架、模板等自升式架体验收合格之日起三十日内，向建设主管部门或其他有关部门登记。

9）安全检查制度

① 安全检查的目的是清除安全隐患、防止事故发生、改善施工人员劳动条件。

② 安全检查的内容有：查制度、查管理、查整改措施、查记录。

③ 安全检查的重点：检查“三违”和安全责任制的落实。

2. 设备安全管理

预制构件吊装是装配整体式混凝土预制构件施工过程中的主要工序之一，吊装工序极大程度的依赖起重机械设备。它是施工中的主要风险源之一，因此，规范设备安全技术管理，是装配整体式混凝土预制构件施工中安全管理的重要部分。

（1）塔式起重机安全管理

塔式起重机简称塔机或塔吊，是指动臂装在高耸塔身上部的旋转起重机。塔式起重机作业空间大，主要用于房屋建筑施工中物料的垂直和水平输送及建筑构件的安装。在装配整体式混凝土预制构件施工中，用于预制构件及材料的装卸与吊装。塔式起重机由金属结构、工作机构和电气系统三部分组成。金属结构包括：塔身、动臂和底座；工作机构包括：起升、变幅、回转和行走四部分；电气系统包括：电动机、控制器、配电柜、连接线路、信号及照明装置。

施工过程中，应规范塔式起重机械的安拆、使用、维护保养，防止由塔式起重机引发的生产安全事故，保障人员生命及财产安全。塔式起重机的安全管理应遵守国家标准《塔式起重机安全规程》GB 5144，以及其他相关地方标准。

1）塔式起重机械安全操作规定

操作塔式起重机时，应遵守以下规定：

① 驾驶员接班时，应对制动器、吊钩、钢丝绳和安全装置进行检查，发现性能不正常时，应在操作前排除。

② 启动前，必须鸣铃或报警，操作中接近人时，亦应给以断续铃声或报警。

③ 操作应按指挥信号进行，对紧急停车信号，不论何人发出都应立即执行。

④ 当起重机上或其周围确认无人时，才可以闭合主电源，如电源断路装置上加锁或有标牌时，应由有关人员除掉后才可闭合主电源。

⑤ 闭合主电源前，应将所有的拉制器手柄扳回零位。

⑥ 工作中突然断电时，应将所有的控制器手柄扳回零位。在重新工作前，应检查起重机动作是否都正常。

⑦ 司机进行维护保养时，应切断主电源并挂上警示牌或加锁，如有未消除的故障，应通知接班司机。

⑧ 起重作业十不吊：

A. 指挥信号不明或乱指挥不吊。

B. 超载或物体重量不清不吊。

C. 吊装的物体紧固、捆扎不牢不吊。

D. 吊装物体上有人或浮置物不吊。

E. 安全装置失灵不吊。

F. 光线昏暗，无法看清场地不吊。

G. 埋置物体不吊。

H. 斜拉物体不吊。

I. 重物棱角处与钢丝绳之间未加衬垫不吊。

J. 大雾、大雨、雪、大风等恶劣气候天气不吊。

2）塔式起重机常规检查制度

塔式起重机检查分为每日检查、常规检查。常规检查应根据工作繁重、环境恶劣程度，确定检查周期，但不得少于每月一次，一般应包括以下检查项目：

① 每日检查：

A. 司机室及机身上的灰尘及油污是否清除。

B. 所有安全、防护装置。

C. 吊钩、吊钩螺母及防松装置。

D. 制动器性能及零件的间隙和磨损情况。

E. 起升钢丝绳的磨损、断丝、断股等及尾端固定情况。例如当 6×19 型钢丝绳在捻距断丝数达到 10 时应报废钢丝绳。

F. 起升链条的磨损、变形、伸长情况。

G. 捆绑绳、吊挂链、索具及吊具状况。

H. 声响信号装置及照明装置是否工作正常。

I. 起重机作业场地的周围环境不应有影响起重机运行的障碍物，任何部位如臂架等距输电线的最小距离应不小于规定距离。

J. 流动式起重机支撑地面应平整、坚实。

② 每周（日）检查：

A. 电缆卷筒、集电器、电缆及插座连接有无损坏。

B. 螺栓连接有无松动和缺损。

C. 所有电器设备的绝缘情况。

D. 线路、油缸、阀、泵、液压部件的泄漏情况及工作情况。

E. 减速器的油量及泄漏情况及工作情况。

F. 所有检查要进行书面记录，定期归档保存。

3）塔式起重机维修保养管理制度

① 维修

塔式起重机运行时出现故障或磨损，应通过维修和更换零部件使塔式起重机恢复正常工作，维修工作应做到：

A. 维修工作应由专业维修技术人员进行，维修更换的零部件应与原零部件的性能和材料相同。

B. 结构件焊修时，所用的材料、焊条应符合要求，焊接质量应符合要求。

C. 塔式起重机在施工现场处于工作状态时不准进行维修，应停机将所有控制手柄、按钮、置于零位，切断电源、加锁或悬挂标志牌，在专人监护下进行维修工作。

② 保养

塔式起重机的保养应符合表 11-1-1 和表 11-1-2 的规定。

塔式起重机二级保养（每半年一次）内容要求 **表 11-1-1**

序号	保养部位	保养内容及要求
1	传动	1. 检查各齿轮箱、齿轮、轴，根据磨损程度换新或修复。 2. 根据钢丝绳磨损程度进行保养或调换。 3. 检查大、小车轮是否有啃轨现象，进行调整或修复并做好记录。 4. 根据制动瓦（块）磨损程度，进行调整或调换
2	电气	检查电器箱，清洗电动机，根据情况调换零件

塔式起重机一级保养（每半年一次）内容要求 **表 11-1-2**

序号	保养部位	保养内容及要求
1	外保养	全面清扫吊车外表，做到无积灰
2	小车	1. 检查传动轴座、齿轮箱、连接器及轴键是否松动，是否坚固。 2. 检查、调整制动器与制动轮间隙，要求间隙均匀、灵敏、可靠
3	润滑	1. 对所有轴承座、制动架、连接器注入适当量的润滑脂。 2. 检查齿轮箱油位、油质，并加入新油至油位线。 3. 检查油质，保持良好
4	卷扬机	1. 检查钢丝绳、吊钩及滑轮是否安全可靠。 2. 检查、调整抽动器安全、灵敏、可靠
5	电器安全	1. 检查限位开关是否灵敏、可靠。 2. 检查电器箱，清除烧毛部分并调换触头。 3. 检查电动机、拖铃、导电架是否安全可靠。 4. 检查信号灯

A. 发现安全防护装置、电气、活动连锁装置可视监控等零部件失灵、有隐患时应及时排除，严禁带病工作。

B. 应做好塔式起重机的调整、润滑、紧固、清理等工作，保持塔式起重机的正常运转。

C. 塔式起重机的工作环境比较恶劣，新安装或重新安装的塔式起重机在使用前各部位都必须进行一次全面润滑。正常运行使用时按塔式起重机类别进行保养润滑。

4）塔式起重机作业人员培训考核制度

① 及时对塔式起重机作业人员及相关运营服务人员进行业务培训和考核，提高职工的法制意识、技术素质和管理水平，确保本单位安全生产和各项管理工作的顺利展开。

② 塔式起重机特种设备作业人员及其相关管理人员应按国家有关规定，经起重机械特种设备安全监督管理部门考核合格，取得国家特种设备作业人员上岗证书后，方可从事相应作业或管理工作。

③ 特种设备作业人员证书有效期为两年，有效期届满前应向发证部门提出复审要求。

④ 应经常组织职工进行政策法规、职业道德的教育，不断提高职工的安全意识、技术素质。

5）塔式起重机的防碰撞措施

① 水平方向低位塔式起重机的起重臂与高位塔式起重机塔身之间的碰撞

水平方向的塔式起重机防碰撞，关键在于现场的塔式起重机位置确定。通过严格控制塔式起重机之间的位置关系，可预防低位塔式起重机的起重臂端部碰撞高位塔式起重机塔身，塔式起重机定位必须保证任意两塔间距离均大于较低的塔式起重机臂长 2m 以上，方能确保此部位不发生碰撞。

② 塔式起重机在垂直方向的碰撞

A. 低位塔式起重机的起重臂与高位塔式起重机起重钢丝绳之间碰撞

因施工需要，装配整体式混凝土结构预制构件吊装量大，塔式起重机会出现交叉作业区，当相交的两台塔式起重机在同一区域施工时，有可能发生低位塔式起重机的起重臂与高位塔式起重机的起重钢丝绳的碰撞。

为杜绝此类事故发生，在施工现场必须对每一台塔式起重机的工作区进行合理划分，尽量避免或减少出现塔式起重机交叉工作区。如发现较矮的塔式起重机起重臂进入相互覆盖范围时，较高的塔式起重机回转时要停在相互覆盖范围外，当较高的塔式起重机起重臂对准装卸点时，驾驶员要观察确认较低的塔式起重机起重臂不会发生碰撞后，才能将起重小车进入覆盖范围区进行装卸，装卸完成必须将起重小车开离相互覆盖范围区，才能回转起重臂。当驾驶员及指挥观察现场发现相互覆盖范围区内起重臂可能发生碰撞时，必须先示警，驾驶员必须要控制起重臂离开相互覆盖区范围，这样才能最大限度避免发生碰撞事故。因此，必须配备有操作证的、经验丰富的信号工，塔式起重机租赁公司要配备操作熟练、有责任心的驾驶员为现场服务。作业时，应时刻关注本塔式起重机及相关的塔式起重机，确保低塔的起重臂不碰撞高塔的起升钢丝绳；另外，塔式起重机在每次使用后或在非工作状态下，必须将吊钩升至顶端，同时将起重小车行走到起重臂根部。当现场风速达到 6 级风，即风速达到 10.8～13.8m/s 时，塔式起重机必须停止作业。

B. 起重臂及下垂钢丝绳同待建结构及脚手架等的碰撞

塔式起重机应有足够的施工高度，充分考虑到吊钩高度、吊索长度、吊物高度及安全高度余量，确保吊装钢筋、模板、脚手架等物料进行水平运输时，物料不与结构及脚手架等较高实体发生碰撞。

C. 塔式起重机与现场周边建筑及设施的碰撞

在实际施工中，还要密切关注现场以外的情况，塔式起重机初次顶升要超过塔式起重机幅度范围内的建筑物、树木等实体结构 2m 以上。

附近电力及通信设施应设置防护，注意避让，尤其是高压输电设备，必须按照相关规定保持在一定距离之外。

D. 塔式起重机在夜间作业时的防碰撞措施

塔式起重机应尽量避免在夜间作业，因此时光线较差，视线不好。如迫不得已必须在夜间作业，除必须严格遵守以上防碰撞措施要求外，还必须配置足够的照明设施，且塔式起重机在各相应位置必须装上障碍指示灯，且此时信号指挥工必须跟着吊钩移动。

E. 通信装置要求

塔式起重机操作人员的通信装置主要为对讲机，对讲机必须调整到统一的频率，且必须完好有效，声音清晰。指挥人员所发出的指令必须清楚明了，驾驶人员必须完全明白指挥人员的指令要求后才能起钩作业。

6）塔式起重机施工中应遵循的原则

① 低塔让高塔原则

一般情况下，主要位置的塔式起重机、施工繁忙的塔式起重机应安装得较高，次要位置的塔式起重机安装得较低，施工中，低位塔式起重机应关注相关的高位塔式起重机运行情况，在查明情况后再进行动作。

② 后塔让先塔原则

塔式起重机同时在交叉作业区运行时，后进入该区域的塔式起重机应避让先进入该区域的塔式起重机。

③ 动塔让静塔原则

塔式起重机在交叉作业区施工时，有动作的塔式起重机应避让正停在某施工位置的塔式起重机。

④ 荷重先行原则

两塔式起重机同时在交叉作业区施工时，无吊载的塔式起重机应避让有吊载的塔式起重机，吊载较轻或所吊构件较小的塔式起重机应避让吊载较重或吊物尺寸较大的塔式起重机。

⑤ 客塔让主塔原则

在明确划分施工区域后，闯入非本塔式起重机施工区域的塔式起重机应主动避让该区域塔式起重机。

（2）自行式起重机安全管理

自行式起重机是指自带动力并依靠自身的运行机构沿有轨或无轨通道移动的臂架型起重机。它分为汽车式起重机、轮胎式起重机、履带式起重机、铁路式起重机和随车式起重机等。

自行式起重机有上下两大部分：上部为起重作业部分，称为上车；下部为支承底盘，称为下车。动力装置采用内燃机，传动方式有机械、液力 - 机械、电力和液压等。自行式起重机具有起升、变幅、回转和行走等主要机构，有的还有臂架伸缩机构。臂架有桁架式和箱形两种。有的自行式起重机除采用吊钩外，还可换用抓斗和起重吸盘。表达其起重能力的主要参数是最小幅度时的额定起重量。

1）自行式起重机械安全操作规定

安全管理负责人应对起重机移动、吊装作业进行监督，确保自行式起重机安全操作，作业基本安全操作规定如下：

① 任何情况下，严禁起重机载物行走。

② 起重机吊臂回转范围内应采用警戒带或其他方式隔离，无关人员不得进入该区域内。

③ 起重机吊钩的防脱钩设施应处于良好状态。

④ 遵循制造厂家规定的最大负荷能力以及最大吊臂长度限定要求。

⑤ 严格按计划实施作业。及时判断和处理异常情况，发现安全措施落实不完善，立即暂停作业。

⑥ 任何人员不得在悬挂的货物下工作、站立、行走，不得随同货物或起重机升降。在起重机运行时，任何人不得站在起重机上。

⑦ 指挥信号明确并符合规定。对紧急停车信号，无论何人发出，都应立即执行。

⑧ 起重机驾驶员应与指挥人员保持可靠的联络沟通，当联络中断时，应停止所有操作，直到重新恢复联系。

⑨ 在可能产生易燃易爆、有毒有害气体的空间或环境中工作时，应进行气体检测。

⑩ 起重机液压油泄漏，应彻底清除，避免污染环境。

⑪ 起重机处于工作状态时，不应进行维护、修理及人工润滑。

⑫ 密切注意货物摆动、提升、下降对起重机稳定性的影响。

⑬ 在操作过程中可通过引绳控制货物的摆动，但严禁将引绳缠绕在人员身体上。

⑭ 操作中起重机应始终处于水平状态。

⑮ 避免在电力线路附近使用起重机。当必须在邻近电力线路的危险区域作业时，应制订关键性吊装计划并严格实施。在没有明确告知的情况下，所有空中电缆均应视为带电电缆；如果起重机或货物的回转半径内有电线或危险管道，它们之间的最小距离应遵守相关标准。

⑯ 严禁起吊超载、重量不清的物货和埋置物件。

⑰ 严禁斜拉斜吊。

⑱ 如果起重机遭受了异常应力或载荷的冲击，或吊臂出现异常振动、抖动等，应禁止作业。

⑲ 在大雪、暴雨、大雾等恶劣天气及风力达到六级时应停止起吊作业，并卸下货物，收回吊臂。

2）自行式起重机常规检查制度

① 使用前检查

使用前应在新购置、大修改造后、移动到另一现场、连续使用时间在一个月前等情况下对自行式起重机进行外观检查。因起重机桁架吊臂存在安装、更换、拆除等环节，还应对起重臂进行检查。

② 经常性检查

每天工作前应对控制装置、吊钩、钢丝绳（包括端部的固定连接、平衡滑轮等）和安全装置进行检查，发现异常时，应在操作前排除。若使用中发现有安全装置被损坏或失效（如上限位装置、过载装置等），应立即停止使用。每次检查及相应的整改情况均应填写检查表并保存。

③ 定期性检查

应对起重机进行定期性检查，检查周期可根据起重机的工作频率、环境条件确定，但不得少于每年一次。检查内容由起重机的种类、使用年限等情况综合确定。此项检查应由专业维修人员或指定维修机构进行。

除此之外，自行式起重机还应接受当地政府指定部门的定期检查。从设备启用到报废，定期检查均应保留检查记录。

④ 建立检查档案

应对所有在公司内使用的起重机建立档案，包括鉴定报告、检验证书、合格证等有效证件资料原件或复印件，报项目主管部门（工程技术处）备案，每台起重机的检查均应保留记录。

（3）垂直运输机械安全管理

1）施工升降机

施工升降机包含传统的施工电梯及施工平台。单纯的施工电梯是由轿厢、驱动机构、标准节、附墙、底盘、围栏、电气系统等几部分组成，是建筑施工中经常使用的载人与载货的施工机械。由于其独特的箱体结构使其乘坐起来既舒适又安全，施工升降机在工地上通常配合塔式起重机使用，一般载重量在1～3t，运行速度为1～60m/min。施工升降机的种类很多，按运行方式分为无对重和有对重；按控制方式分为手动控制和自动控制。

施工升降机使用中的安全注意事项如下：

① 作业人员必须经考核合格，取得特种作业人员操作证书，方可上岗。

② 施工升降机在投入使用前，必须经过坠落试验，使用中应每隔3个月做一次坠落试验，对防坠安全器进行调整，切实保证坠落制动距离不超过1.2m，试验后以及正常操作中每发生一次防坠动作，必须对防坠安全器进行复位。防坠安全器的调整、检修或鉴定均应由生产厂家或指定的单位进行，坠落试验时应由专业人员进行操作。

③ 作业前应重点做好例行保养并检查。作业前应重点检查：

A. 启动前依次检查：接零接地线、电缆线、电缆线导向架、缓冲弹簧应完好无损；机件无漏电，安全装置、电气仪表灵敏有效。

B. 施工升降机标准节、吊笼（梯笼）整体等结构表面应无变形、锈蚀；标准节连接螺栓无松动及无缺少螺栓。

C. 驱动传动部分工作应平稳无异响，齿轮箱无漏油。

D. 各部结构应无变形，连接螺栓无松动，节点无开（脱）焊。钢丝绳固定和润滑良好，运行范围内无障碍，装配准确，附墙牢固并符合设计要求。卸料台（通道口）平整，安全门齐全，两侧防护严密。

E. 各部位钢丝绳无断丝、无磨损超标，夹具、索具紧固齐全符合要求。

F. 齿轮、齿条、导轨、导向滚轮及各润滑点保持润滑良好。

G. 安全防坠器的使用必须在有效期内，超过标定日期要及时鉴定或更换（无标定应有记录备案）。施工升降机制动器调节松紧要适度，过松吊笼载重停车时会产生滑移，过紧会加快制动片磨损。

H. 施工升降机上下运行行程内无障碍物，超高限位灵敏可靠。吊笼四周围护的钢丝网，不准用板围起来挡风。采用板挡风，会增加吊笼（梯笼）摇晃，使施工升降机不安全。

④ 控制器（开关）手柄应在零位。电源接通后，检查电压是否正常；机件无漏电；电器仪表有效，指示准确。然后，空车升降试运行，试验各限位装置、吊笼门、围护门等处电气联锁限位是否运行良好可靠；测定传动机构制动器的制动力矩满足规定要求。以上检查结果确认无误、无损、无异常后再运行作业。

⑤ 作业中操作技术和安全注意事项

闭合地面单独的电源开关，关闭底围笼及吊笼门，闭合吊笼内的三相开关，然后按下按钮，施工升降机启动（操纵杆式应把操纵杆推向欲去的方向位置并保持在这一位置）。按钮式开关按“零”号位使施工升降机停机（操纵杆式用操纵杆停机），在顶部和底部施工升降机停靠站时严禁碰触限位板来自动停车。

A. 对于变速施工升降机，施工升降机停靠前，要把开关转到低速挡后再停机。

B. 施工升降机在每班首次运行时，必须从最低层向上运行，严禁自上而下运行。当吊笼升离地面 1～2m 时，要停机试验制动器性能。如不正常，及时修复后方准使用。

C. 吊笼内运人、装物时，载荷要均匀分布，防止偏重；严禁超载运人。不载物时，额定载重每吨不得超过 12 人，吊笼顶不得载人或货物（安装拆卸除外）。

D. 施工升降机应装有灵敏可靠的通信装置，与指挥人员联系密切，依据信号操作。开机前必须响铃鸣声示警，在施工升降机停在高处或在地面未切断电源开关前，操作人员不得离开操作岗位，严禁无证开机。

E. 施工升降机在运行中如发现机械有异常情况，应立即停机并采取有效措施将梯笼降到底层，排除故障后方可继续运行。在运行中发现电气失控时，应立即按下急停按钮，在未排除故障前，不得打开急停按钮。检修均应由专业人员进行，不准擅自检修。如暂时维修不好，在运人时应设法将人先送出吊笼（通过吊笼顶部天窗出入口进入脚手架或楼层内）。

F. 施工升降机运行中不准开启吊笼门，人员不应倚靠吊笼门。

G. 施工升降机运行至最上层和最下层时，严禁用行程限位开关作为停止运行的控制开关。

H. 遇有大雨、大雾、六级及以上大风以及导轨架、电缆等结冰时，施工电梯必须立即停止运行，并将梯笼降到底层，拉闸切断电源。暴风雨后，应对施工升降机的电气线路和各种安全装置及架体连接等进行全面检查，发现问题及时维修加固，确认正常后方可运行。

I. 对于变速施工升降机，施工升降机停靠前，要把开关转到低速挡后再停机。作业后，将吊笼（梯笼）降到底层，各操纵器（开关）转到零位，依次切断电源，锁好电源箱，闭锁吊笼和围护门，做好清洁保养工作。

J. 填写好台班工作日志和交接班记录。

K. 严格执行施工升降机定期检查维修保养制度。

2）物料提升机

物料提升机是一种固定装置的机械输送设备，主要适用于物料的连续垂直提升。

物料提升机使用中的安全注意事项如下：

① 在物料提升机安装或拆除前，由技术负责人对全体作业人员进行安全技术操作交底。各作业人员应认真执行安全生产责任制和安全技术交底，严格遵守安全操作规程。

② 物料提升机在安装与拆除作业前，必须针对其类型特点、说明书的技术要求，结合施工现场的实际情况制定详细的施工方案，划定安全警戒区并设监护人员，排除作业障碍。

③ 物料提升机的吊篮安全停靠装置、钢丝绳断绳保护装置、超高限位装置、钢丝绳过路保护装置、钢丝绳拖地保护装置、信号联络装置、警报装置、进料门及高架提升机的超载限位器、下极限限位器、缓冲器等安全装置必须齐全、灵敏、可靠。

④ 物料提升机的基础应按图纸要求施工。高架提升机的基础应进行设计计算，低架提升机在无设计要求时，可在素土夯实后，浇筑 300mm 厚的混凝土。

⑤ 安装架体时，应先将底架与基础连接牢固。每安装 2 个标准节（一般不大于 8m），应采取临时支撑或临时缆风绳固定，并进行初步校正，确认稳定后，方可继续作业。在拆除缆风绳或附墙架前，应先设置临时缆风绳或支撑，确保架体的自由高度不得大于 2 个标准节（一般不大于 8m）。物料提升机组装后应按规定进行验收，合格后方可投入使用。

⑥ 拆除物料提升机的横梁前，应先分别对两立柱采取稳固措施，保证单柱的稳定。

⑦ 全体登高作业人员，必须认真系好安全带，戴好安全帽。严格执行高处作业安全操作规定，不得穿硬底鞋及塑料底鞋。严禁酒后作业。搭设和拆除物料提升机人员，必须持“施工升降机装拆或物料提升机装拆”特种作业有效证件和体检合格证明方可上岗作业，严禁无证人员作业。不得安排脚手工等人员从事井架装拆作业。

⑧ 拆除作业宜在白天进行。夜间作业应有良好的照明。因故中断作业时，应采取临时稳固措施。

⑨ 物料提升机架体外侧应沿全高用立网进行防护。在建各层与提升机连接处应搭设卸料通道，通道两侧应按临边防护规定设置防护栏杆及挡脚板。

⑩ 各层通道口处都应设置常闭型的防护门。地面进料口处应搭设防护棚，防护棚的尺寸应视架体的宽度和高度而定，防护棚两侧应封挂安全立网。

⑪ 作业时，严禁乱抛材料和工具，必须派人传递至楼层内或采用吊绳吊至地面。吊绳必须牢固，一次吊物不能超载。

⑫ 安全网、安全门、缆风绳、卸料平台架等必须在物料提升机拆到该位置后，方可拆除，严禁先拆以上的设施，后拆物料提升机。拆下的材料应边拆边运，严禁在脚手板上堆码。运材料时，人应注意站稳，防止失衡。

⑬ 指挥信号必须由指定的指挥者发出，其他人员不得指挥。

⑭ 六级风以上或雨雪天停止安装、拆除作业。

⑮ 物料提升机吊篮内严禁乘人。

⑯ 物料提升机调试过程中如需维修保养时，应切断电源，并在电箱处挂“禁止合闸”标志，锁好电箱。

3. 构件运输与现场临时道路安全管理

（1）构件运输安全管理

在运输过程中，对预制构件易破损部位应加强保护。同时，应采取合理的堆放及稳定措施，防止预制构件在运输途中损坏或跌落。为保障运输安全，预制构件运输过程中应采取以下措施：

① 预制构件运输可选用低跑平板车或大吨位运输车。

② 预制构件装卸时应配置指挥人员，统一指挥信号。装卸预制构件时应保证车体的平衡。

③ 运输车上应设专用靠放架，靠放架应具有足够的承载力和刚度；采取直立运输方式时，应设专用的插放架，插放架应有足够的承载力和刚度；预制构件重叠平运时，叠放高度不应过高。板块之间或堆放架的受力点处应垫放支垫，垫块位置应保证构件受力合理。

④ 运输车上须配置可靠的稳定构件措施与减振措施，防止预制构件移动、倾倒、变形。如在车底铺黄砂或装车时先在车厢底板上铺两根100mm×100mm的通长木枋，木枋上垫15mm厚的硬橡胶垫或其他柔性垫。

⑤ 采取成品保护措施，对构件易破损部位加强保护，确保运输过程中不会损伤。

⑥ 预制构件运输过程中，车辆启动应慢速，车速应均匀，转弯会车时要减速。

⑦ 预制构件的运输主要依靠汽车通过陆路运输，因此，在选择运输工具以及堆放架时，应考虑城市高架桥及隧道限高等的影响。

（2）现场临时道路及堆场安全管理

预制构件进场前，应合理规划路线。运输车场内行驶路线及临时堆场的地面必须坚实，充分考虑构件运送车辆的长度和重量，加宽现场临时道路。道路下铺设工程渣土并压实，临时道路内配钢筋。运输路线经过地下车库的，应编写地下车库顶板加固方案，对顶板进行加固，以防顶板塌陷。

堆场布置有以下几个原则：

1）布置在起重机起吊范围内并避开人行通道。

2）尽量布置在建筑物的外围并严格分类堆放。

3）堆场四周采用定型化围栏围护，与周围场地分开，围护栏杆上挂明显的标识牌和安全警示牌。

4）堆场周边道路应考虑作为构件运输的专用道路，不再作为施工主干道路，以防延误构件卸货进度。

预制构件运至现场后进入堆场临时堆放，应在施工方案中提前规划预制构件堆放方案。预制构件运进堆场后，应有序地摆放在规定的位置。选择堆放形式时，应充分考虑预制构件的自身特点、外形尺寸。采用靠放或直立方式时，堆放架必须达到一定的刚度，防止预制构件倾覆；重叠堆放预制构件时，应根据预制构件、垫块承载力确定堆放层数，并根据需要采取防止堆放倾覆的措施。

4. 工具式支撑

随着装配整体式混凝土预制构件的逐步推广和安全设计需求的不断提高，对预制构件安装施工机具的要求也越来越高。工具式支撑是应用于预制构件安装的专用支撑，它具有装拆便捷、安全可靠、施工管理方便等特点。工具式支撑可分为竖向构件安装用工具式支撑和水平构件安装用工具式支撑。

（1）竖向构件安装专用工具式支撑

这里主要指预制剪力墙构件、预制墙（板）、预制柱等构件的安装，所使用的工具式支撑主要包括丝杆、螺套、支撑杆、手把和支座等部件。支撑杆两端焊有内螺纹旋向相反的螺套，中间焊手把；螺套旋合在丝杆无通孔的一端，丝杆端部设有防脱挡板；丝杆与支座耳板以高强螺栓连接；支座底部开有螺栓孔，在预制构件安装时用螺栓将其固定在预制构件的预埋螺母上。通过旋转把手带动支撑杆转动，上丝杆与下丝杆随着支撑杆的转动同时拉近或伸长，达到调节支撑长度的目的，进而调整预制竖向构件的垂直度和位移，满足预制构件安装施工的需要。

为确保施工安全，施工时应符合下列规定：

1）工具式支撑应通过螺栓或预留孔洞拉结的方式与预制构件可靠连接。

2）深化设计时应确定预埋件或预埋吊环的位置。

3）施工前应检查预制构件上支撑拉结点的质量，拉结点处混凝土裂缝等问题，避免对工具式支撑的可靠连接造成安全隐患。

4）吊装预制构件时，应先安装工具式支撑，再松开吊钩。

（2）水平构件安装专用工具式支撑

这里主要指预制叠合楼板、预制梁等构件的安装，所使用的工具式支撑主要包括早拆柱头、插管、套管、插销、调节螺母及摇杆等部件。套管底部焊接底板，底板上留有定位的4个螺栓孔；套管上部焊接外螺纹，在外螺纹表面套上带有内螺纹的调节螺母；插管上套插销后插入套管内，插管上配有插销孔，插管上部焊有中心开孔的顶板；早拆柱头由上部焊有U形板的丝杆、早拆托座、早拆螺母等部件组成；早拆柱头的丝杆坐于插管顶板中心孔中；通过选择合适的销孔插入插销，再用调节螺母微调高度便可达到所需求的支撑高度。

为确保施工安全，施工时应符合下列规定：

1）支撑位置与间距应根据施工验算确定。

2）宜选用可调标高的定型独立钢支撑，钢支撑的顶面标高应符合设计要求。

5. 外墙防护

混凝土装配整体式预制构件施工宜采用围挡或外防护架，特殊结构或必要的预制外墙板安装时可选用落地式脚手架。

（1）安全围挡

安全围挡指预制构件尚未吊装时所采用的围挡。

施工中采用安全围挡时应注意以下几点：

1）采用安全围挡隔离时，楼层围挡高度应不低于1.50m，阳台围挡不应低于1.10m，楼梯临边应加设高度不小于0.9m的临时栏杆。

2）安全围挡隔离应与结构层有可靠连接，满足安全防护需要。

3）安全围挡设置应采取吊装一件预制外墙板，拆除相应位置围挡的方法，按吊装顺序，逐块进行。预制外墙板就位后，应及时安装上一层围挡。

（2）外防护架

外防架具有组装简便、安拆灵活、安全性高、周转次数高等优点。

外防护架通常采用角钢焊接架体，三角形架体采用槽钢；采用普通钢管作为钢管防护，扣件采用普通直角扣件。还需要准备脚手板、钢丝网等一般脚手架所用材料。

考虑到项目结构的不同，应着重考虑凸窗、阳台等位置的外防护架结构。

外防护架的安装及拆卸流程：

1）每栋楼防护结构可考虑制作2套，预制构件吊装前可把防护架提前安装在预制构件上一起吊装。

2）预制构件进场后，将已经拼装完成的防护架安装在预制外墙板上。

3）防护架随预制构件同时起吊安装在施工楼层。

4）待上层预制外墙板进场后，将下层预制外墙板上的防护架用塔式起重机吊运拆除，并安装在新进场的预制外墙板上，同下层预制外墙板同时吊装上施工楼层，后期均按此循环流水施工。

外防护架在施工过程中，应遵守以下规定：

1）防护架在吊升过程中，人员严禁在操作架上施工。

2）防护架在吊升阶段，在吊装区域下方用警戒线设置安全区，安排专人监护，该区域不得随意进人。

3）当防护架拆除吊升时，上面不得站人或施工。

4）防护架的受力等荷载值应经验算。

5）搭拆外防护架必须经安全技术教育的专业工种来担任，并经常进行身体检查，凡患有高血压、心脏病的人员不得上脚手架操作。

6）严格按平面及剖面搭设，遵守搭拆程序及要求。搭拆前施工员应向施工班组进行详细的安全交底。搭拆完成后，施工班组应进行仔细的自检，并由安全部门进行验收，如不合格处，及时整改，必须待验收通过后方能使用。

7）遇有恶劣天气影响施工安全时，不得进行防护架的搭设施工。

8）防护架搭设完毕要按专门制度验收后挂牌使用，防护架不得进行堆物，各部连接节点，应由专人按规定时间检查整理，使用中的防护架，不得拆除任何一个部件。

9）防护架验收合格后，必须进行日常的保养及定期的全面检查和整修，才能保证其安全使用。

10）必须设置专职的保养工，负责日常检查和保养及定期的检查和维修。日常检查和保养必须每日进行一次，定期的检查和维修每月进行一次，如遇强风或雷雨天气应认真检查、整修后方可使用。

11）防护架的搭设拆除必须按照施工组织设计的规定程序进行。拆除脚手时，施工区应设置警戒区并由专人监护。

12）遵守其他搭拆脚手架的一般规定。

11.2 装配式建筑施工环境保护要求

1. 道路控制措施

（1）对周围交通的详细情况进行摸底调查，内容包括：道路路幅、路基承载能力，高峰时段、地下管线设置情况等。

（2）严格按既定的装配式建筑施工顺序、运输路线、装配方式等组织本工程的装配式结构施工。

（3）基地内的临时施工便道等尽可能实现环通，减少车辆交汇。在基地临时便道的交叉口设置交通指（禁）令标志（牌），夜间设照明等。

（4）根据施工进度情况，分阶段编排机械、预制构件的进出场运输计划。大型设备进场，必须与业主及有关政府交通管理部门进行协调，统一调整好进场道路及临近交通道路的关系及运转，保证交通正常。

（5）大型车辆进出口的路面下如有地下管线、共同沟等，必须铺设厚钢板或浇捣混凝土加固。

（6）运用现代化的管理手段和通信手段，进行实时动态调度，使预制构件的运输既满足施工要求，又不影响交通安全。

2. 大气污染控制

（1）搭设封闭式临时专用垃圾道运输施工垃圾或采用容器吊运施工垃圾，严禁随意抛撒施工垃圾；垃圾要及时清运，适量洒水，减少扬尘。

（2）对粉细散装材料，采用室内（或封闭）存放或严密遮盖，卸运时采取有效措施，减少扬尘。

（3）现场的临时道路地面做硬化处理，防止道路扬尘。

（4）选用环保型低排放施工机械，并在排气口下方地面浇水冲洗干净，防止排气产生扬尘。

（5）预制构件生产时应在混凝土和预制构件生产区域使用收尘、除尘装备以及防止扬尘散布的设施，并应通过修补区、道路和堆场除尘等方式系统控制扬尘。

3. 水污染控制

（1）现场设置冲洗台和沉淀池，清洗机械和运输车的废水经三级沉淀后达标排入相应的市政管线。

（2）控制施工产生的污水流向，并在合理位置设置沉淀池，经沉淀后施工污水排入污水管，防止污染环境。

（3）现场存放油料的库房进行防渗漏处理，储存和使用须采取一定措施，防止跑、冒、滴、漏，污染水体。

（4）厕所设化粪池，与环保部门联系定期抽粪，严禁直接排入市政管网。

（5）预制构件生产企业应有针对混凝土废浆水、废混凝土和构件的回收利用措施。

4. 防治噪声污染

（1）整个基地围墙封闭，与外界隔离，处于封闭状态施工。

（2）制定合理的施工计划，确保附近居民有足够的休息时间。进行强噪声、大振动作业时，严格控制作业时间；必须昼夜连续作业的，采取降噪减振措施，并提前与周边居民取得联系，做好周围群众安抚工作，并报有关环保单位备案后施工。

（3）选用环保型的低噪声低排放施工机械，改进施工工艺。

（4）教育、督促施工班组人员在施工中做到轻提轻放，严禁随便乱捆、乱敲工具和材料，杜绝不必要的噪声产生。

（5）对某些不可避免的噪声，采取设置隔声屏障的办法以吸收和隔阻噪声的扩散。

（6）施工现场遵照《建筑施工场界环境噪声排放标准》GB 12523 制定降噪的相应制度和措施。

（7）预制构件生产企业宜选用噪声小的生产装备，并应在混凝土生产、浇筑过程中采取降低噪声的措施。在夜间生产时，应采取措施防止光和噪声对周边居民的影响，在预制构件运输过程中，应保持车辆整洁。

5. 防治光污染

夜间施工时，大功率的照明灯必须向场地内照明，并尽可能降低照明灯的高度，确保不对周围环境造成光污染。

6. 市容环卫保证措施

（1）建立环保保证体系。落实专人负责生活区、办公区以及施工现场的环境保洁，协调好市容监察部门的工作，不因施工而影响市容环境卫生。

（2）项目的所有施工人员在施工前必须了解本工程的环保方针及环保目标、指标，接受社会各方在项目施工中的环保要求。

（3）积极按政府包括建设单位的有关要求，做好在施工过程中渣土和建筑垃圾的规范施工、运输等工作。

（4）加强施工现场的管理，确保施工现场整洁。落实现场出入口外出车辆的清洁措施（包括出口道路做硬地坪、随时冲洗外出车辆，加强对渣土垃圾运输车辆的车况检查，做到持证运营，保证不偷倒、不乱倒渣土及垃圾）。

（5）外运车辆进出大门前要冲洗，同时对车辆封盖。保持车辆出入口路面平整、湿润，减少地面扬尘污染，并尽量减缓车辆行驶速度。

（6）按照卫生标准和环境卫生作业要求设置相应的生活垃圾容器，实行生活垃圾袋装化，并落实专人负责清运。

（7）预制构件生产企业应设置废弃物临时置放点，并应指定专人负责废弃物的分类、放置及管理工作。废弃物清运必须由合法的单位进行。有毒有害废弃物应利用密闭容器装存并及时处置。

7. 危险品处置

（1）选择有资质的专业单位进行相关处理工作，签订有关责任协议，规范经营行为。

（2）在施工中处理被列入国家危险物名录中的危险废物时，须向有关部门申报登记，按国家有关规定进行处置。对易燃、易爆及高污染的大宗材料均设置贮存指定区域。

（3）对在施工中必须使用的机油、涂料、油漆等，均要存放在指定区域，并备有消防设施及防泄漏措施。

（4）及时清除建筑物施工中产生的建筑垃圾，对废油抹布、废涂料、油漆桶、水泥袋等进行集中分类堆放，并按废弃处置规定进行处置。

11.3 灌浆施工安全文明控制要点

本节主要介绍灌浆作业安全生产要点和灌浆作业文明生产要点两方面内容。

1. 灌浆作业安全生产

（1）对每个新参加灌浆的作业人员应进行安全操作规程培训，培训合格方可上岗操作。

（2）新项目施工前，对所有的作业人员进行安全操作规程培训，培训合格方可上岗操作。

（3）灌浆作业前，技术人员应对所有作业人员进行安全和技术交底。

（4）电动灌浆机电源应有防漏电保护开关。

（5）电动灌浆机应有接地装置。

（6）电动灌浆机工作期间严禁将手伸向灌浆机出料口。

（7）清洗电动灌浆机时应切断灌浆机电源。

（8）移动电动灌浆机时应切断灌浆机电源。

（9）严禁使用不合格的电缆作为电动灌浆机的电线。

（10）电动灌浆机开机后，严禁将枪口对准作业人员。

（11）电动灌浆机拆洗应由专人操作。

（12）灌浆料、坐浆料搅拌人员须佩戴绝缘手套，穿绝缘鞋，佩戴口罩和防护眼镜。

（13）搅拌作业人员裤腿口需要绑紧，避免搅拌机搅拌杆勾到裤腿，对作业人员造成伤害。

（14）搅拌作业时，工人应握紧手持搅拌机。如果没有握紧，搅拌机搅拌时传力不均，搅拌机就有可能失控，对作业人员造成伤害。

（15）作业人员在对预制构件边缘接缝封堵、分仓及灌浆作业时须佩戴安全绳，水平钢筋套筒灌浆连接的作业人员应佩戴安全绳。

（16）施工过程中使用的工具、螺栓、垫片等材料应有专用的工具袋，防止施工过程中工具、材料发生坠落。

（17）作业时发现安全隐患，应立即排除。

2. 灌浆作业文明生产

（1）搅拌灌浆料、坐浆料时应避免灰尘对环境造成污染。

（2）落地的灌浆料拌合物以及出浆口溢出来的灌浆料拌合物应及时清理，存放在专用的废料收集容器内。

（3）有外叶板的预制外墙灌浆时，应防止漏浆对预制外墙面造成污染。

（4）采用坐浆料进行接缝封堵及分仓时，应精心操作，避免坐浆料污染预制外墙面。

（5）现场的设备、工具和材料应存放整齐，留出作业通道。

（6）试验用具使用后应及时清理，并摆放整齐有序。

（7）灌浆料、坐浆料应分区域整齐堆放，并设置标识牌。

（8）灌浆料、坐浆料搅拌完成应及时清理搅拌现场，保持施工现场的卫生。

（9）灌浆料、坐浆料等材料的包装袋以及其他包装物应及时回收，不可随意丢弃。

（10）灌浆、出浆口部位应做好防护，防止溢出来的灌浆料拌合物污染预制构件及楼面等。

（11）清洗搅拌桶和灌浆设备的废水应集中收集处理。

11.4 特殊季节灌浆施工注意事项

1. 冬期施工

（1）温度高于5℃时，灌浆工作可正常进行，但需要密切关注温度的变化。在灌浆完成24h内，保证温度不低于5℃，否则，须采取保温措施。

（2）温度在0～5℃：浆料搅拌时须采用温水搅拌，搅拌用水温度在22～28℃；灌浆保压封堵完成后，在预制墙体靠近室内一侧灌浆缝向上延伸30cm，水平延伸30cm内覆盖防火棉被，用木枋、钢管对防火棉被加以固定；防火棉被覆盖保温时间持续24h。

（3）温度低于0℃时，停止一切注浆工作。

2. 冬期施工养护

（1）注意拆模时间，在正常气温下，灌浆料浇筑完成3d即可拆除模板，在气温低的环境中应适当推迟拆模时间。

（2）在未浇筑时可用温水搅拌，室外施工应覆盖棉被，或选用防冻型灌浆料，以保证早期强度施工质量。

3. 夏季施工

夏季注浆施工宜选择在上午和晚上进行。夏季温度高于30℃，用冷水搅拌（可在水中适量添加冰块，加水前需要对冰块进行过滤），搅拌用水温度在8～15℃为宜。灌浆施工前，须对预制构件及邻近的底面进行洒水降温。

4. 夏季施工养护

（1）灌浆前24h采取措施，防止灌浆部位受到阳光直射或其他热辐射。

（2）采取适当降温措施，与水泥基灌浆材料接触混凝土基础和设备底板的温度不大于35℃。

（3）浆体入模温度不应大于30℃。

（4）灌浆后应及时采取保湿养护措施。

练习与思考

一、填空题

1. 装配整体式混凝土预制构件施工过程中应按照现行国家行业标准 ________、________等安全、职业健康的有关规定执行。

2. 应对施工过程中存在的重大风险源进行识别，建立健全 __________管理规章制度，并根据各危险源的等级，确定 __________，并定期检查。

3. __________是基本的安全制度，也是所有安全制度的核心。

4. 在混凝土装配式建筑工程项目中，涉及 ________、________、________工程的专项施工方案还应组织专家论证。

5. 施工单位应当自施工起重机和整体提升脚手架、模板等自升式架体施验收合格之日起 __________，向建设主管部门或其他有关部门登记。

6. 灌浆作业前，________应对 ________进行 ________。

7. 作业人员在进行边缘预制构件接缝封堵、分仓及灌浆作业时须佩戴 __________。

二、选择题

1. 在实际施工中，还要密切关注现场以外的情况，塔式起重机初次顶升要超过塔式起重机幅度范围内的建筑物、树木等实体结构（　　）以上。

A. 6m　　B. 4m

C. 2m　　D. 1m

2. 安全防护采用围挡式安全隔离时，楼层围挡高度应不低于（　　），阳台围挡不应低于 1.10m，楼梯临边应加设高度不小于 0.9m 的临时栏杆。

A. 1.50m　　B. 2m

C. 2.5m　　D. 3m

3. 必须设置专职的保养工，负责日常检查和保养及定期的检查和维修。日常检查和保养必须每日进行一次，定期的检查和维修（　　）进行一次，如遇强风或雷雨应认真检查整修后方可使用。

A. 每周　　B. 每季

C. 每年　　D. 每月

4. 遇有大雨、大雾、（　　）及以上大风以及导轨架、电缆等结冰时，施工电梯必须立即停止运行，并将梯笼降到底层，拉闸切断电源。

A. 五级　　B. 六级

C. 七级　　D. 八级

5. 温度在（　　）时：采用温水搅拌浆料，搅拌用水温度在 22～28℃。

A. 低于0℃　　　　B. 0～5℃

C. 5～10℃　　　　D. 10℃以上

6. 要求施工单位加强现场管理，预制叠合板必须达到强度的（　　）时方可进行拆模吊装。

A. 50%　　　　B. 75%

C. 85%　　　　D. 100%

7. 起重机械检查分为每日检查、常规检查。常规检查应根据工作繁重、环境恶劣程度，确定检查周期，但不得少于（　　）一次。

A. 每天　　　　B. 每周

C. 每月　　　　D. 每季

8. 夏季进行灌浆施工时，浆体入模温度不应大于（　　），灌浆后应及时采取保湿养护措施。

A. 20℃　　　　B. 25℃

C. 30℃　　　　D. 35℃

9. 特种设备作业人员证书有效期为（　　），有效期届满前应向发证部门提出复审要求。

A. 一年　　　　B. 两年

C. 三年　　　　D. 四年

10. 通过严格控制塔式起重机之间的位置关系，可预防低位塔式起重机的起重臂端部碰撞高位塔式起重机塔身。塔式起重机定位必须保证任意两塔间距离均大于较低的塔式起重机臂长（　　）以上，方能确保不发生此部位碰撞。

A. 1m　　　　B. 1.5m

C. 2m　　　　D. 2.5m

三、简答题

1. 请简述起重“10不吊”的具体内容。

2. 为保证预制构件的安全运输，应该做好哪些防控措施？

3. 预制构件堆场的安全管理工作非常重要，应该从哪些方面入手，强化预制构件堆场的管理工作？

4. 塔式起重机械作业人员上岗前，应对其进行哪些内容培训？

5. 为保证施工现场的安全操作，塔式起重机的操作应遵循哪些原则？

附件：吊装工、灌浆工培训考核大纲

一、工种描述

1. 吊装工

使用手工机具借助机械设备，将装配式混凝土预制构件如预制墙板、预制楼板、预制外挂板、预制空调板、预制阳台板、预制装饰构件等按施工图设计要求在施工现场进行安装作业的人员。

2. 灌浆工

在预制装配式混凝土预制构件施工过程中，使用手动工具或机械工具，按钢筋套筒灌浆连接应用技术规程要求，将钢筋套筒用灌浆料灌注入灌浆套筒内，进行钢筋灌浆套筒接头连接的施工人员。

二、初级工、中级工培训内容及要求

1. 培训要求

（1）理论知识

① 熟悉装配式建筑结构施工图。能识图，能定位测量放线，能理解专项施工方案。熟悉分部分项施工图、节点图、预制构件配筋图。

② 掌握施工图确定钢筋灌浆连接施工部位。

③ 熟悉常见装配式建筑结构特点、适用范围，掌握灌浆接头形式、分类。

④ 熟悉装配式建筑结构构件和灌浆连接安装前，主体结构与现场施工及环保要求应具备的安装施工条件。

⑤ 熟悉一般装配式建筑结构测量放线的方法、步骤。

⑥ 熟悉各类灌浆施工方法，了解灌浆机械、吊装设备、吊装机具的性能参数和选用标准。

⑦ 掌握各类装配式建筑结构安装和钢筋灌浆连接施工工艺要求。

⑧ 了解装配式建筑结构构件连接的基本要求，钢筋的加工和灌浆套筒在预制构件内安装的工艺方法。

⑨ 熟悉装配式建筑结构保温、防水、分格单元的构造和质量要求。

⑩ 熟悉灌浆施工等隐蔽工程验收记录的内容及验收方法。

⑪ 了解装配式建筑结构、灌浆施工现场施工试验及施工验收标准。

⑫ 熟悉各种装配式建筑结构施工安装措施和各种灌浆接头材料的标识、适用范围、质量标准和选材原则。

⑬ 熟悉安全施工的规定和技术要点。

⑭ 熟悉装配式建筑结构施工常用连接标准件的种类、型号、性能及安装要求。

⑮ 熟悉装配式建筑结构用预埋连接件和其他预埋功能性材料的种类、用途和质量要求。

⑯ 熟悉装配式建筑结构构件、灌浆施工材料进场验收和材料复验的要求。

⑰ 熟悉装配式建筑结构安装常用机具的种类、性能、用途。

⑱ 了解灌浆施工测量仪器、检查器具的使用方法和专业灌浆设备器具的维护保养知识。

（2）操作技能

① 能看懂一般建筑结构图，装配式建筑结构构件施工安装图、节点图、配筋图，并熟悉安装质量要求。

② 会使用水准仪、经纬仪、激光垂直仪等测量仪器，在主体结构楼板与墙、柱、梁上进行测量放线，标出预制构件的定位线，钢筋定位、埋件定位、连接件等精确定位放线。

③ 能对结构少量偏差，利用预制结构构件的尺寸偏差进行位置调整。

④ 能对预埋件进行定位安装，标出预埋件正确安装的位置，并对存在偏差的预埋件进行补救处理。

⑤ 能对灌浆过程中的漏浆和不出浆进行补救处理。

⑥ 熟悉对装配式建筑结构预制构件进行安装和检验。

⑦ 熟悉灌浆接头试件和灌浆料试块的制作与养护。

⑧ 掌握装配式建筑结构吊装安装工艺操作。

⑨ 熟悉装配式建筑结构成品保护重点及施工过程成品保护方法与预控措施。

⑩ 能对装配式建筑结构措施性材料安装器具的使用安全、使用性能进行检查。

⑪ 能熟练掌握和使用各种灌浆安装机具、设备。

⑫ 掌握灌浆饱满性的监测和检测方法。

⑬ 熟悉压力灌浆施工方法。

⑭ 掌握灌浆分仓图绘制及灌浆顺序编排，灌浆分仓、封仓工艺操作。

⑮ 会使用流动度检测仪、灌浆饱满性检测仪、台秤、量杯、温度计等测量仪器。

⑯ 做好传、帮、带，协助施工队长搞好现场施工管理。

⑰ 能对施工过程中的安全隐患进行防范和排除。能做到施工自身安全保护，并监督管理好班组人员安全作业施工。

2. 培训内容

（1）理论内容（附表 2-2-1）

理论部分内容表 **附表 2-2-1**

项目	鉴定范围	鉴定内容	权重 100%
基本知识	识图、制图基本知识	（1）装配式建筑结构施工图及配筋图； （2）装配式建筑结构预制构件专项安装平面布置图； （3）装配式建筑结构预埋连接件布置图	5%
	钢筋连接基本知识	钢筋接头形式、分类、结构原理	5%

续表

项目	鉴定范围	鉴定内容	权重 100%
基本知识	定位放线、专项施工方案	装配式建筑结构预制构件安装位置施工顺序图与定位测量放线	5%
	装配式建筑结构及规范标准知识	（1）安装施工技术规范及标准； （2）装配式建筑结构安装工艺知识； （3）隐蔽工程内容及方法； （4）预制构件堆放、吊装、安装措施、技术要点； （5）装配式建筑结构构件灌浆连接的基本要求和规定内容	10%
专业知识	设备及施工专用器具选用原则及标准	（1）吊装专用吊具、绳索的标准； （2）预制构件安装施工专用支撑器具选用的原则； （3）安全防护措施专用架体的选用原则； （4）预制构件现场堆放、存放的条件、专用设施的选用原则； （5）专用安装调节工具	10%
	构件吊装安装的标准	（1）专用预制墙板、楼板、外挂板、楼梯、阳台板、空调板等构件支撑的性能特点； （2）预制外挂板、预制混凝土模板连接件性能特点； （3）灌浆套筒连接接头的性能特点； （4）结构现浇节点部位钢筋搭接处理	10%
	相关材料要求	（1）装配式建筑结构预制构件连接预埋件特性和质量要求； （2）坐浆、灌浆连接材料的标准及性能； （3）预制混凝土模板连接件的标准与性能； （4）功能性密封预埋材料的标准与性能； （5）临时拉结材料的性能要求	10%
	现场堆放架体、安全防护架体选用与性能要求	（1）预制构件现场堆放、存放的专用架体的设计与性能要求； （2）安全防护架分类及适用范围； （3）安全防护架的安装与拆除工艺流程	5%
	灌浆接头、钢筋、灌浆料、灌浆套筒	（1）灌浆套筒的性能特点、种类、作用； （2）灌浆接头形式、分类、结构原理及构造； （3）钢筋的性能特点、种类、作用； （4）灌浆料的性能特点、种类、作用	5%
	灌浆、材料的储藏、季节施工、班组管理	（1）预制板墙灌浆特点、要求； （2）预制框架柱灌浆特点、要求； （3）预制框架梁灌浆特点、要求； （4）灌浆料的防潮、防晒，钢筋、灌浆套筒防锈； （5）高温、低温季节施工特点、措施	5%
	紧固件的品种及性能	（1）常用螺栓紧固件规格； （2）常用玻纤连接件规格； （3）常用金属连接件规格	5%
安全知识	安全教育	（1）进场安全教育、培训； （2）班前施工安全教育	5%
	安全防护	（1）施工安全防护用品； （2）防护设施、防护位置、防护方法	5%
	设备安全	（1）设备的检查验收； （2）设备专人操作及防护	5%

续表

项目	鉴定范围	鉴定内容	权重 100%
环境保护	环保施工	（1）控制污染材料、噪声； （2）节水、节电、节材	3%
	成品保护	（1）成品保护方法； （2）成品保护材料	2%
职业道德	文明施工	（1）施工安装着装整齐、禁止酒后作业； （2）挂牌施工安装、工完场地清	3%
	质量第一	（1）严格执行施工安装规范验收标准； （2）努力学习，提高技术水平	2%

（2）实际操作内容

1）装配，见附表 2-2-2。

实际操作内容（装配） **附表 2-2-2**

项目	鉴定范围	鉴定内容	权重 100%
操作技能	安装施工前准备	（1）准备内容：技术资料准备，技术交底，安全技术交底；机具、材料准备，施工现场准备，作业条件准备； （2）采用重锤、钢丝线、测量仪器等工具在主体上标出预制构件安装就位等基准线； （3）定出预制构件安装位置，对安装位置进行调整、复核； （4）对预埋件、预留钢筋进行检验，并画出预埋件偏差图，标出具体偏差调节尺寸	10%
	现场施工	（1）预制构件的质量检查验收； （2）预制构件吊点预埋的质量检查与验收； （3）吊装机具的选用和规范操作； （4）专用吊具的操作与检验； （5）预埋件的连接操作与检验； （6）预制混凝土现场的堆放、码放操作与检验； （7）支撑架体及专用支撑材料的选用与检查验收； （8）预制墙板、柱构件的结构安装、调整、检验； （9）预制楼板、梁、楼梯构件的结构安装、调整、检验； （10）预制空调板、阳台板等构件的安装、调整、检验； （11）结构构件干式连接部位的安装、调整、检验； （12）隐蔽验收项目； （13）构件钢筋锚固段与节点钢筋的位置检查与检验； （14）现浇节点部位的钢筋检查与检验； （15）预制外挂板、预制混凝土模板构件的安装、调整、检验	45%
	维护和修复	（1）对各种构件的成品保护； （2）对各种构件安装后的质量问题进行维护和修复； （3）对各类操作工器具实施维修和维护	5%
工具设备的使用和维护	构件安装施工常用机具	（1）吊装机具的性能和使用； （2）堆放机具的性能和使用； （3）支撑类机具的性能和使用； （4）手持类机具的性能和使用； （5）安装施工常用机具的保养	10%
	常用测量器具的使用和保养	测量仪器使用：水准仪、经纬仪、垂直激光仪、卷尺	5%

续表

项目	鉴定范围	鉴定内容	权重 100%
安全生产及文明施工	安全施工	（1）安全操作规程； （2）安全防护标准； （3）安装、运输和堆场的要求	10%
	文明施工	（1）施工着装整齐、禁止酒后作业； （2）挂牌施工安装、工完场地清	5%
环境保护	环保施工	（1）控制噪声措施，施工垃圾归类； （2）节水、节电、节材	5%
	成品保护	（1）成品的保护方法正确； （2）保护成品选材合理	5%

2）灌浆，见附表 2-2-3。

实际操作内容（灌浆） **附表 2-2-3**

项目	鉴定范围	鉴定内容	权重 100%
操作技能 60%	灌浆施工前准备	（1）准备内容：技术资料准备，技术交底，安全技术交底。机具、材料准备，施工现场准备，作业条件准备； （2）构件准备，检查构件类型、编号，灌浆套筒内及孔道有无杂物； （3）对钢筋安装位置，长度、弯折度进行检查、调整、复核； （4）对作业面进行检验，不得有积灰和杂物	10%
	现场施工	（1）构件高度调整垫片调整、检验； （2）仓位合理划分调整、检验； （3）仓位密闭性调整、检验； （4）灌浆料高、低温施工的操作； （5）灌浆料流动度测试、检验； （6）墙板、框架柱、框架梁灌浆操作； （7）灌浆接头试件制作、检验； （8）灌浆料试块制作、检验； （9）灌浆料同条件试块制作、测试； （10）灌浆饱满性监测与检测； （11）现场灌浆检验记录填写； （12）现场影像资料录制	35%
	成品保护	对成品提出保护措施	5%
	质量通病防治措施	灌浆施工的质量通病及防治方法	5%
	计算工料	按图计算工料	5%
工具设备的使用和维护 20%	基本操作工具	灌浆工具的制作和维护	5%
	检测工具	（1）灌浆料流动度检测仪的使用和维护； （2）台秤的使用和维护； （3）饱满性检测仪的使用和维护	3%

续表

项目	鉴定范围	鉴定内容	权重 100%
工具设备的使用和维护 20%	机械设备	（1）手提搅拌机常见故障排除和保养； （2）搅拌机常见故障排除和保养； （3）电动注浆机常见故障排除和保养； （4）气压注浆机常见故障排除和保养； （5）空气压缩机常见故障排除和保养； （6）防止触电的常识	12%
安全文明生产 10%	安全施工	（1）安全施工的一般规定； （2）坚持文明生产，注意作业环境保护； （3）防触电、机械伤人的安全规定； （4）登高作业的安全规定	5%
	文明施工	（1）施工着装整齐、禁止酒后作业； （2）工完场地清、做好易燃材料的储存保管	5%
环境保护 10%	环境保护	（1）粉尘、噪声控制； （2）水、电使用合理	5%
	成品保护	（1）成品的保护方法正确； （2）保护材料合理	5%

3. 考核大纲

（1）理论考核

1）基础知识

① 了解制图原理，熟悉装配式建筑结构施工图和一般土建结构施工图并能绘制简单的灌浆施工示意图。

② 熟悉施工图看图的步骤和顺序，可看懂较为复杂的预制装配施工图纸，明白施工图表示的细节要点。

③ 熟悉装配式建筑结构分类。

④ 熟悉装配式建筑结构的预制构件类型和连接形式。

⑤ 熟悉装配式建筑结构安装及验收方面的技术标准规范。

⑥ 熟悉装配式框架结构、装配式剪力墙结构施工安装的工艺流程。

⑦ 了解装配式结构灌浆连接和机械连接的施工工艺。

⑧ 熟悉装配式建筑结构安装隐蔽工程的内容。

⑨ 了解装配式建筑结构现浇节点钢筋预留的基本要求。

2）专业知识

① 熟悉各类装配式建筑吊装设备、机具、材料的选用原则，熟悉支撑材料、预埋拉结材料；熟悉吊装安装状态的受力要求与安全要求，并了解预制构件生产选用材料标准规范（钢筋连接、混凝土强度、保温板材料、坐浆料、灌浆料、连接件、紧固件）的相关知识，掌握材料进场验收和复验的要求。

② 了解灌浆施工的操作流程及主要要求，了解钢筋绑扎、模板支护、混凝土浇筑等衔接工序的施工操作流程和主要要求。

③ 掌握灌浆接头的基本知识：灌浆接头的力学性能，灌浆接头形式、分类、结构原理及构造。

④ 掌握钢筋的基本知识。

⑤ 掌握灌浆料的基本知识。

⑥ 掌握灌浆套筒的基本知识。

⑦ 掌握灌浆的基本知识。

⑧ 熟悉各种预制构件施工安装作业的工艺流程和施工工序，掌握预制构件安装就位、调整、检查的关键工序。

⑨ 掌握临时固定措施工具种类及使用要求：预制墙板支撑、预制楼板支撑、临时安全拉结措施，掌握预留钢筋位置调整、安全吊运就位、安装精度控制与调整、安装就位后拉结加固。

⑩ 掌握各种施工器具和手持使用方法。

⑪ 熟悉紧固件的种类：螺栓（六角头螺栓、T 形螺栓），玻纤保温拉结件，金属拉结件等。

3）安全生产

① 班前的安全教育，施工安装过程中的安全检查。

② 做好施工安装过程中的安全防护，高空作业安全防护、吊篮施工、脚手架施工的安全防护。

③ 使用电动设备，防止触电，做好使用时的安全防护。

4）环境保护

① 环保施工：场地清洁有序。

② 成品保护：保护已完工幕墙成品的方法要可行有效。

5）职业道德

① 文明施工：遵章守纪，安全生产。

② 质量第一：遵守施工规范，符合质量验收标准。

（2）实际操作考核

1）吊装实际操作

① 安装施工前期

采用重锤、钢丝线、测量仪器等工具在建筑主体结构上标出预制构件安装就位基准线。

定出预制构件的安装位置，观察位置，校验基准控制线。

对预埋件、预留钢筋、结构拉结件进行检验，并画出具体偏差图，标出具体偏差尺寸。

② 现场施工

预制构件的质量检查、验收、记录。

预制构件吊点预埋的质量检查、验收、记录。

吊装机具的选用和安装应按规范操作步骤实施。

预制构件起吊前重心及吊装平衡性调整、测量检查。

专用吊具的操作与检验。

预埋件的连接操作与检验。

预制混凝土现场的堆放、码放操作与检验。

支撑架体及专用支撑材料的选用与检查验收。

预制墙板、柱构件的结构安装操作工艺、调整、检验、记录。

预制楼板、梁构件的结构安装操作工艺、调整、检验、记录。

预制楼梯的结构安装操作工艺、调整、检验、记录。

预制空调板、阳台板等悬挑构件的支撑搭设安装工艺与检查、验收、记录。

预制空调板、阳台板等构件的安装操作工艺、调整、检验、记录。

结构构件干式连接部位的安装操作工艺、调整、检验、记录。

预制外挂板、预制混凝土模板构件的安装、调整、检验、记录。

现浇节点部位的钢筋检查与检验、记录。

构件钢筋锚固段与节点钢筋的位置检查与检验、记录。

掌握装配式建筑结构构件安装过程中可能出现的质量问题及调整工艺。

熟悉装配式建筑结构构件安装施工常用机具的使用及维护；各种构件安装的手持机具性能、操作方法、故障排除。

掌握常用测量器具的使用方法和保养技巧。

掌握安全隐患的防范内容及安全隐患的排除方法。

了解环保施工措施的检查内容。

了解文明施工的检查要求及质量检查要求。

2）灌浆实际操作

① 操作技能

初级工、中级工灌浆施工工艺，见附图 2-3-1。

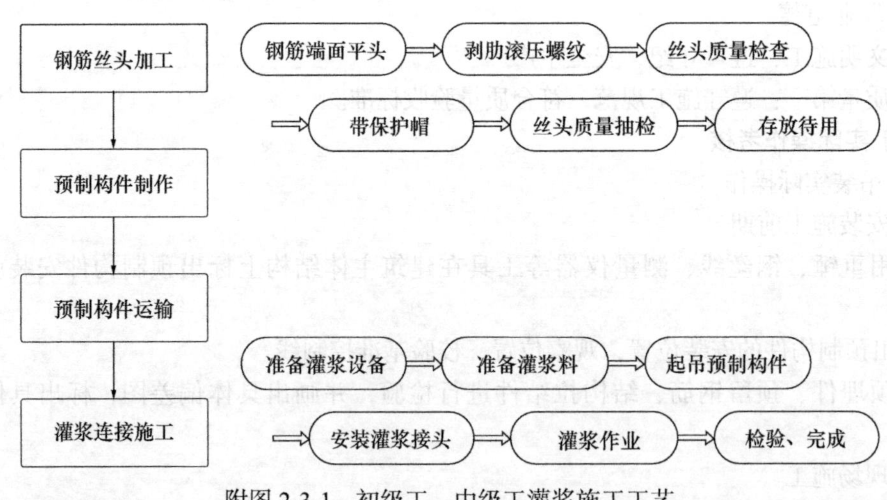

附图 2-3-1　初级工、中级工灌浆施工工艺

② 操作要点

进行预制构件连接部位的现浇混凝土施工时，采取设置定位架等措施保证外露钢筋的位置、长度和顺直度。

预制柱、墙安装前，在预制构件及其支承构件间设置高度位置调整垫片。竖向构件采用连通腔灌浆，并合理划分连通灌浆区域；每个区域除预留灌浆孔、出浆孔与排气孔外，形成密闭空腔；连通灌浆区域内任意两个灌浆套筒间最大间距不超过 1m。

灌浆料使用前，应检查产品包装上印制的有效期和产品的外观，用水量应按灌浆料使用说明书的要求确定，并应按重量计量。

灌浆施工应按施工方案执行，灌浆操作全过程应有专职检验人员负责现场监督并及时形成施工检查记录，施工检查记录宜包括影像文件。

灌浆施工时，环境温度应符合灌浆料产品使用说明书要求；环境温度低于 5℃时，应采用低温灌浆料施工；当环境温度高于 30℃时，应采取有效措施降低灌浆料拌合物温度。

对竖向钢筋套筒灌浆连接，灌浆作业采用压浆法从灌浆套筒下灌浆孔注入，当灌浆料拌合物从构件其他灌浆孔、出浆孔流出后应及时封堵，采用连通腔灌浆时，宜采用一点灌浆的方式。

对水平钢筋套筒灌浆连接，灌浆作业采用压浆法从灌浆套筒灌浆孔注入，当灌浆套筒灌浆孔、出浆孔的连接管或接头处的灌浆料拌合物均高于套筒外表面最高点时，停止灌浆，并及时封堵灌浆孔、出浆孔。

灌浆料宜在加水后 30min 内用完。

灌浆料抗压强度达到 35N/mm^2 后，进入下一道工序施工。

灌浆料抗压强度达到设计要求后，拆除临时固定措施。

3）安全生产

① 安全施工

施工前做好班组安全教育，准备安全防护用品（安全帽、安全带、防滑鞋）；使用脚手架前必须经过验收合格；非机电设备操作人员不准擅动机械和机电设备；现场孔洞、楼梯间应设置护身栏杆或盖板；槽沟孔洞夜间设置警示灯；禁止酒后施工。

② 防治事故的具体措施

登高作业的安全规定：登高操作人员必须经体检合格后，才能进行登高作业，凡有高血压、贫血、心脏病或癫痫的工人，均不能上岗；遇有 5 级以上大风天气，应停止施工。

冬期、雨期的安全规定：冬期施工时，保证施工面无雪迹，应先清理干净施工面，方可作业；夏季做好防雷电工作。

防触电、机械伤人的安全规定：使用机械设备要专人管理和操作，上班前必须对机具和电器设备进行检查，检查合格后使用。

4）环境保护

① 文明施工

降低施工噪声：将容易产生噪声污染的分项工程安排在白天施工，所有材料运输车辆进入现场后禁止鸣笛，减少噪声；手持电动工具或切割器具应尽量在封闭的区域内使用。

节水节电：合理使用现场水电，及时关闭水源和电闸箱，人走灯灭。

② 成品保护

材料搬运中所需运输均应有防护措施，禁止构件与构件、铁件、硬件等直接接触，以免损坏材料；

加强与各专业交叉施工时，相互配合，相互保护。

（3）考核权重表

1）理论知识考核权重表，见附表 2-3-1。

理论知识考核权重表 **附表 2-3-1**

考核项目	考核权重比例（%）
基础知识	25
专业知识	50
安全知识	15
环境保护知识	5
职业道德知识	5
合　计	100

2）实际操作考核权重表

① 装配实际操作考核权重表，见附表 2-3-2。

装配实际操作考核权重表 **附表 2-3-2**

考核项目	考核权重比例（%）
安装施工准备	20
吊装操作技能	60
安全文明生产	10
环境保护	10
合　计	100

② 灌浆实际操作考核权重表，见附表 2-3-3。

灌浆实际操作考核权重表 **附表 2-3-3**

考核项目	考核权重比例（%）
操作技能	60
工具设备的使用和维护	20
安全文明生产	10
环境保护	10
合　计	100

三、高级工培训内容及要求

1. 培训要求

（1）理论知识

① 熟悉装配式建筑结构施工图，能识图和简单绘图，能定位测量放线，能理解专项

施工方案，熟悉分部分项施工图、节点图、预制构件配筋图。

② 熟悉装配式建筑结构形式、分类，结构原理及构造，掌握施工图并确定钢筋灌浆连接施工部位，并绘制一般的灌浆分仓图、灌浆顺序编号。

③ 熟悉常见装配式建筑结构特点、适用范围，掌握灌浆接头形式、分类、结构原理及构造的一般知识。

④ 熟悉装配式建筑结构构件，灌浆连接安装前，熟悉主体结构与现场施工及环保要求应具备的安装施工条件。

⑤ 熟悉一般装配式建筑结构测量放线的方法、步骤。

⑥ 熟悉各类灌浆施工方法，了解灌浆机械、吊装设备、吊装机具的性能参数和选用标准。

⑦ 掌握各类装配式建筑结构安装和钢筋灌浆连接施工工艺要求。

⑧ 了解装配式建筑结构构件连接的基本要求、钢筋的加工和灌浆套筒在预制构件内安装的工艺方法。

⑨ 熟悉装配式建筑结构保温、防水、分格单元的构造和质量要求。

⑩ 熟悉灌浆施工等隐蔽工程验收记录的内容及验收方法。

⑪ 熟悉装配式建筑结构安装、灌浆连接施工技术规范和标准。

⑫ 熟悉各种装配式建筑结构施工安装措施和各种灌浆接头材料的标识、适用范围、质量标准和选材原则。

⑬ 熟悉装配式建筑结构、灌浆施工与相关专业的技术协调和现场施工配合。

⑭ 熟悉装配式建筑结构施工常用连接标准件的种类、型号、性能及安装要求。

⑮ 熟悉装配式建筑结构用预埋连接件和其他预埋功能性材料的种类、用途和质量要求。

⑯ 熟悉装配式建筑结构构件、灌浆施工材料进场验收和材料复验的要求。

⑰ 熟悉装配式建筑结构安装常用机具的种类、性能、用途和维护保养知识。

⑱ 了解装配式建筑结构、灌浆施工现场施工试验及施工验收标准。

⑲ 了解灌浆施工测量仪器、检查器具的使用方法和专业灌浆设备器具的维护保养知识。

⑳ 了解对装配式建筑结构安全检验和维修的要求。

㉑ 了解装配式建筑结构施工和灌浆施工质量通病及防治措施。

（2）操作技能

① 能看懂一般建筑结构图，装配式建筑结构构件施工安装图、节点图、配筋图，并熟悉安装质量要求。

② 会使用水准仪、经纬仪、激光垂直仪等测量仪器，在主体结构楼板与墙、柱、梁上进行测量放线，标出预制构件的定位线，钢筋定位、埋件定位、连接件等精确定位放线。

③ 能对结构少量偏差，利用预制结构构件的尺寸偏差进行位置调整。

④ 能对预埋件进行定位安装，标出预埋件正确安装的位置，并对偏差预埋件进行补救处理。

⑤ 熟悉各种装配式建筑结构构件安装节点部位的防火、防雷、防水、保温安装技术

规程、操作技术要点、工序质量控制要点及安全防护措施。

⑥ 熟悉对装配式建筑结构构件进行安装和检验。

⑦ 熟悉各种装配式建筑结构安装质量检查验收规范。

⑧ 掌握装配式建筑结构吊装安装工艺操作。

⑨ 熟悉装配式建筑结构成品保护重点及施工过程成品保护方法与控制措施。

⑩ 能对装配式建筑结构措施性材料安装器具的使用安全、使用性能进行检查。

⑪ 能熟练掌握和使用各种灌浆安装机具、设备，对常用机具、设备进行保养和故障排除。

⑫ 掌握灌浆饱满性的监测和检测方法。

⑬ 熟悉压力灌浆施工方法。

⑭ 掌握灌浆分仓图绘制及灌浆顺序编排，灌浆分仓、封仓工艺操作。

⑮ 能够根据图纸计算材料用量，熟悉灌浆料现场配制。

⑯ 会使用流动度检测仪、灌浆饱满性检测仪、台秤、量杯、温度计等测量仪器。

⑰ 能对钢筋位置、长度、弯折度进行检测，标出钢筋正确安装的位置，并对偏差钢筋进行补救处理。

⑱ 能对灌浆过程漏浆和不出浆进行补救处理。

⑲ 熟悉灌浆接头试件和灌浆料试块的制作与养护。

⑳ 能对初级工进行技术指导，做好传、帮、带，协助施工队长搞好现场施工管理。

㉑ 能对施工过程安全隐患进行防范和排除。能做到施工自身安全保护，并监督管理好班组人员安全施工。

2. 培训内容

（1）理论内容（附表 3-2-1）

理 论 内 容 **附表 3-2-1**

项目	鉴定范围	鉴定内容	权重 100%
基本知识	识图、制图基本知识	（1）装配式建筑结构施工图及配筋图； （2）装配式建筑结构构件专项安装平面布置图； （3）装配式建筑结构预埋连接件布置图； （4）画简单的灌浆施工示意图	5%
	钢筋连接基本知识	（1）钢筋接头的力学性能； （2）钢筋接头形式、分类、结构原理	5%
	定位放线、专项施工方案	（1）装配式建筑结构构件安装位置施工顺序图与定位测量放线； （2）专项施工方案	5%
	装配式建筑结构及规范标准知识	（1）装配式建筑结构分类； （2）安装施工技术规范及标准； （3）装配式建筑结构与构造； （4）装配式建筑结构安装工艺知识； （5）隐蔽工程内容及方法； （6）构件堆放、吊装、施工机具技术要点； （7）装配式建筑结构构件灌浆连接的基本要求和规定内容	10%

续表

项目	鉴定范围	鉴定内容	权重 100%
专业知识	设备及施工专用器具选用原则及标准	（1）塔式起重机及其他吊装设备的选型原则； （2）吊装专用吊具、绳索的标准； （3）预制构件安装施工专用支撑器具选用的原则； （4）安全防护措施专用架体的选用原则； （5）预制构件现场堆放、存放的条件，专用设施的选用原则； （6）施工专用设备、器具、架体等材料进场验收和复验的要求； （7）常用手持工具； （8）专用安装调节工具	10%
	预制构件吊装安装的标准	（1）吊装吊点设计的受力性能特点； （2）预制墙板、楼板、外挂板、楼梯、阳台板、空调板等构件支撑的性能特点； （3）预制外保温板拉结件性能特点； （4）预制外挂板、预制混凝土模板连接件性能特点； （5）灌浆套筒连接接头的性能特点； （6）结构现浇节点部位钢筋搭接处理	10%
	相关材料要求	（1）装配式建筑结构构件连接预埋件特性和质量要求； （2）坐浆、灌浆连接材料的标准及性能； （3）预制保温板连接件标准及性能； （4）预制混凝土模板连接件的标准与性能； （5）功能性密封预埋材料的标准与性能； （6）临时拉结材料的性能要求； （7）相关材料进场验收和复验的要求	10%
	现场堆放架体、安全防护架体系选用与性能要求	（1）预制构件现场堆放、存放的专用架体的设计与性能要求； （2）安全防护架分类及适用范围； （3）安全防护架的安装与拆除工艺流程； （4）安全防护架的设计与性能要求	5%
	灌浆接头、钢筋、灌浆料、灌浆套筒	（1）灌浆接头的力学性能； （2）灌浆接头形式、分类、结构原理及构造； （3）钢筋的性能特点、种类、作用； （4）灌浆料的性能特点、种类、作用； （5）灌浆套筒的性能特点、种类、作用	5%
	灌浆、材料的储藏、季节施工、班组管理	（1）板墙灌浆特点、要求； （2）框架柱灌浆特点、要求； （3）框架梁灌浆特点、要求； （4）灌浆料的防潮、防晒，钢筋、灌浆套筒防锈； （5）高温、低温季节施工特点、措施 （6）班组生产计划安排和工程进度管理； （7）班组工程质量管理	5%
	紧固件的品种及性能	（1）常用螺栓紧固件规格； （2）常用玻纤连接件规格； （3）常用金属连接件规格	5%
安全知识	安全教育	（1）进场安全教育、培训； （2）班前施工安全教育	5%

续表

项目	鉴定范围	鉴定内容	权重 100%
安全知识	安全防护	（1）施工安全防护用品； （2）防护设施、防护位置、防护方法	5%
	设备安全	（1）设备的检查验收； （2）设备专人操作及防护	5%
环境保护	环保施工	（1）控制污染材料、噪声； （2）节水、节电、节材	3%
	成品保护	（1）成品保护方法； （2）成品保护材料	2%
职业道德	文明施工	（1）施工安装着装整齐、禁止酒后作业； （2）挂牌施工安装、工完场地清	3%
	质量第一	（1）严格执行施工安装规范验收标准； （2）努力学习，提高技术水平	2%

（2）实际操作内容

1）实际操作内容（装配），见附表 3-2-2。

实际操作内容（装配） **附表 3-2-2**

项目	鉴定范围	鉴定内容	权重 100%
操作技能	安装施工前准备	（1）准备内容：技术资料准备，技术交底，安全技术交底；机具、材料准备，施工现场准备，作业条件准备； （2）采用重锤、钢丝线、测量仪器等工具在主体上标出预制构件安装就位基准线； （3）定出预制构件安装位置，对安装位置进行调整、复核； （4）对预埋件、预留钢筋进行检验，并画出预埋件偏差图，标出具体偏差调节尺寸	10%
	现场施工	（1）预制构件的质量检查验收； （2）预制构件吊点预埋的质量检查与验收； （3）吊装机具的选用和规范操作； （4）预制构件起吊前重心及吊装平衡性调整； （5）专用吊具的操作与检验； （6）预埋件的连接操作与检验； （7）预制混凝土现场的堆放、码放操作与检验； （8）支撑架体及专用支撑材料的选用与检查验收； （9）预制墙板、预制柱构件的结构安装、调整、检验； （10）预制楼板、梁、楼梯构件的结构安装、调整、检验； （11）预制楼梯的结构安装、调整、检验； （12）预制空调板、预制阳台板等悬挑构件的支撑搭设与检查、验收； （13）预制空调板、预制阳台板等构件的安装、调整、检验； （14）结构构件干式连接部位的安装、调整、检验； （15）隐蔽验收项目； （16）外挂板、预制混凝土模板构件的安装、调整、检验； （17）现浇节点部位的钢筋检查与检验； （18）构件钢筋锚固段与节点钢筋的位置检查与检验； （19）安全防护架体的检查	45%

续表

项目	鉴定范围	鉴定内容	权重 100%
操作技能	维护和修复	（1）对各种构件的成品保护； （2）对各种构件安装后的质量问题进行维护和修复； （3）对各类操作工器具实施维修和维护	5%
工具设备的使用和维护	构件安装施工常用机具	（1）吊装机具的性能和使用； （2）堆放机具的性能和使用； （3）支撑类机具的性能和使用； （4）手持类机具的性能和使用； （5）安装施工常用机具的保养； （6）常用机具的故障排除	10%
	常用测量器具的使用和保养	测量仪器使用：水准仪、经纬仪、垂直激光仪、卷尺	5%
安全生产及文明施工	安全施工	（1）安全操作规程； （2）安全防护标准； （3）安装、运输和堆场的要求	10%
	文明施工	（1）施工着装整齐、禁止酒后作业； （2）挂牌施工安装、工完场地清	5%
环境保护	环保施工	（1）控制噪声措施，施工垃圾归类； （2）节水、节电、节材	5%
	成品保护	（1）成品的保护方法正确； （2）保护成品选材合理	5%

2）实际操作内容（灌浆），见附表 3-2-3。

实际操作内容（灌浆）　　附表 3-2-3

项目	鉴定范围	鉴定内容	权重 100%
操作技能 60%	灌浆施工前准备	（1）准备内容：技术资料准备，技术交底，安全技术交底。机具、材料准备，施工现场准备，作业条件准备； （2）预制构件准备，检查构件类型、编号，灌浆套筒内及孔道有无杂物； （3）对钢筋安装位置、长度、弯折度进行检查、调整、复核； （4）对作业面进行检验，不得有积灰和杂物	10%
	现场施工	（1）预制构件高度调整垫片调整、检验； （2）仓位合理划分调整、检验； （3）仓位密闭性调整、检验； （4）现场温度测试、检验； （5）按要求配置灌浆料，水、料称重检验； （6）灌浆料搅拌、检验； （7）灌浆料高、低温施工的操作； （8）灌浆料流动度测试、检验； （9）压力灌浆与重力灌浆操作； （10）预制板墙灌浆操作； （11）预制框架柱灌浆操作； （12）预制框架梁灌浆操作； （13）灌浆接头试件制作、检验； （14）灌浆料试块制作、检验	35%

续表

项目	鉴定范围	鉴定内容	权重 100%
操作技能 60%	现场施工	(15)灌浆料同条件试块制作、测试; (16)灌浆饱满性监测与检测; (17)现场灌浆检验记录填写; (18)现场影像资料录制	35%
	成品保护	对成品提出保护措施	5%
	质量通病防治措施	灌浆施工的质量通病及防治方法	5%
	计算工料	按图计算工料	5%
工具设备的使用和维护 20%	基本操作工具	灌浆工具的制作和维护	5%
	检测工具	(1)灌浆料流动度检测仪的使用和维护; (2)台秤的使用和维护; (3)饱满性检测仪的使用和维护	3%
	机械设备	(1)手提搅拌机常见故障排除和保养; (2)搅拌机常见故障排除和保养; (3)电动注浆机常见故障排除和保养; (4)气压注浆机常见故障排除和保养; (5)空气压缩机常见故障排除和保养; (6)其他工具的维护; (7)防止触电的常识	12%
安全文明生产 10%	安全施工	(1)安全施工的一般规定; (2)坚持文明生产,注意作业环境保护; (3)防触电、机械伤人的安全规定; (4)登高作业的安全规定	5%
	文明施工	(1)施工着装整齐、禁止酒后作业; (2)工完场地清,做好易燃材料的储存保管	5%
环境保护 10%	环境保护	(1)粉尘、噪声控制; (2)水、电使用合理	5%
	成品保护	(1)成品的保护方法正确; (2)保护材料合理	5%

3. 考核大纲

(1)理论考核

1)基础知识

① 了解制图原理,熟悉装配式建筑结构施工图和一般土建结构施工图并能绘制简单的灌浆施工示意图。

② 熟悉看施工图的步骤和顺序,看懂较为复杂的预制装配施工图纸,明白施工图表示的细节要点。

③ 熟悉装配式建筑结构分类。

④ 按构件预制率和结构节点连接设计方法可分为：装配整体式结构、全装配式结构。

⑤ 熟悉装配式建筑结构设计的构件类型和连接形式。

⑥ 熟悉装配式建筑结构安装及验收方面的技术标准规范。

⑦ 熟悉装配式框架结构、装配式剪力墙结构施工安装的工艺流程。

⑧ 了解装配式结构灌浆连接和机械连接的施工工艺。

⑨ 熟悉装配式建筑结构安装隐蔽工程的内容。

⑩ 了解装配式建筑结构构件的结构受力性能。

⑪ 了解装配式建筑结构现浇节点钢筋预留的基本要求。

⑫ 了解钢筋连接基本知识，掌握钢筋接头的力学性能，钢筋接头形式、分类、结构原理。

2）专业知识

① 熟悉各类装配式建筑吊装设备、机具、材料的选用原则，熟悉支撑措施材料、预埋拉结材料；熟悉吊装安装状态的受力要求与安全要求，并了解预制构件生产选用材料标准规范（钢筋连接、混凝土强度、保温板材料、坐浆料、灌浆料、连接件、紧固件）的相关知识，掌握材料进场验收和复验的要求。

② 了解灌浆施工的操作流程及主要要求，了解钢筋绑扎、模板支护、混凝土浇筑等衔接工序的施工操作流程和主要要求。

③ 掌握灌浆接头的基本知识：灌浆接头的力学性能，灌浆接头形式、分类。

④ 掌握结构原理及构造。

⑤ 掌握钢筋的基本知识。

⑥ 掌握灌浆料的基本知识。

⑦ 掌握灌浆套筒的基本知识。

⑧ 掌握灌浆的基本知识。

⑨ 掌握材料的储藏注意事项。

3）不同季节施工

① 熟悉班组管理。

② 熟悉各种预制构件施工安装作业的工艺流程和施工工序，掌握预制构件安装就位、调整、检查的关键工序。

③ 掌握临时固定工具种类及使用要求：预制墙板支撑、预制楼板支撑、临时安全拉结措施，掌握预留钢筋位置调整、安全吊运就位、安装精度控制与调整、安装就位后拉结加固。

④ 掌握各种施工器具和手持使用方法。

⑤ 熟悉紧固件的种类：螺栓（六角头螺栓、T 形螺栓）、玻纤保温拉结件、金属拉结件等。

4）安全生产

① 班前的安全教育，施工安装过程中的安全检查。

② 做好施工安装过程中的安全防护，做好高空作业安全防护、吊篮施工、脚手架施工的安全防护。

③ 使用电动设备，防止触电，做好使用时的安全防护。

5）环境保护

① 环保施工：场地清洁有序。

② 成品保护：保护已完工幕墙成品的方法要可行有效。

6）职业道德

① 文明施工：遵章守纪，安全生产。

② 质量第一：遵守施工规范，符合质量验收标准。

（2）实际操作考核

1）吊装实际操作

① 安装施工前期准备具体内容

采用重锤、钢丝线、测量仪器等工具在主体结构上标出预制构件安装就位基准线。

定出预制构件的安装位置，观察位置，基准校验控制线。

对预埋件、预留钢筋、结构拉结件进行检验，并画出具体偏差图，标出具体偏差尺寸。

② 现场施工

预制构件的质量检查、验收、记录。

构件吊点预埋的质量检查、验收、记录。

吊装机具的选用和安装规范操作步骤实施。

构件起吊前重心及吊装平衡性调整、测量检查。

专用吊具的操作与检验。

预埋件的连接操作与检验。

预制混凝土现场的堆放、码放操作与检验。

支撑架体及专用支撑材料的选用与检查验收。

预制墙板、预制柱构件的结构安装操作工艺、调整、检验、记录。

预制楼板、预制梁构件的结构安装操作工艺、调整、检验、记录。

预制楼梯的结构安装操作工艺、调整、检验、记录。

预制空调板、预制阳台板等悬挑构件的支撑搭设安装工艺与检查、验收、记录。

预制空调板、预制阳台板等悬挑构件的安装操作工艺、调整、检验、记录。

结构构件干式连接部位的安装操作工艺、调整、检验、记录。

隐蔽验收项目检查、记录。

预制外挂板、预制混凝土模板构件的安装、调整、检验、记录。

现浇节点部位的钢筋检查与检验、记录。

预制构件钢筋锚固段与节点钢筋的位置检查与检验、记录。

安全防护架体的检查、记录。

掌握装配式建筑结构构件安装过程中可能出现的质量问题及调整工艺。

熟悉装配式建筑结构构件安装施工常用机具的使用及维护：各种构件安装手持机具性能、操作方法、故障排除。

掌握常用测量器具的使用方法和保养技巧。

掌握安全隐患的防范内容及安全隐患的排除方法。

了解环保施工措施的检查内容。

了解文明施工的检查要求及质量检查要求。

2）灌浆实际操作

① 操作技能

高级工灌浆施工工艺，见附图 3-3-1。

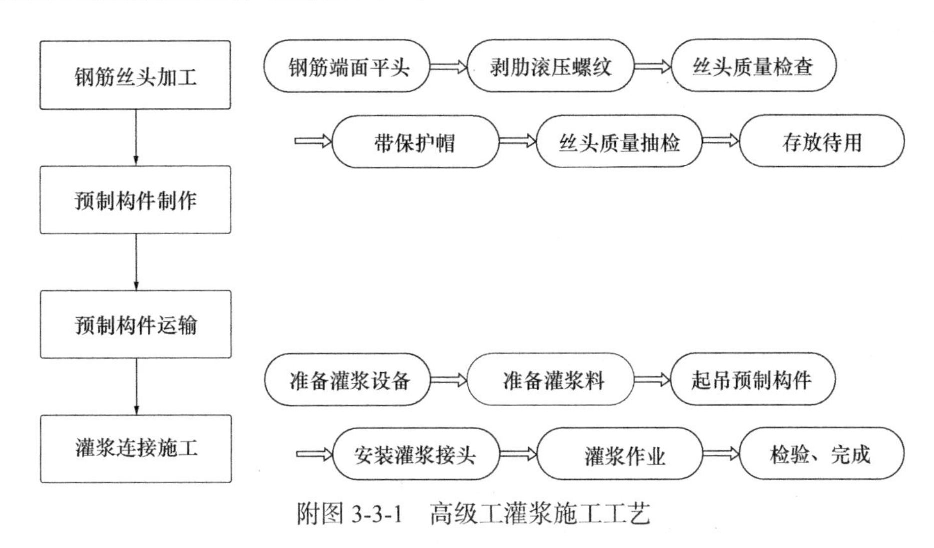

附图 3-3-1　高级工灌浆施工工艺

② 操作要点

进行预制构件连接部位的现浇混凝土施工时，采取设置定位架等措施保证外露钢筋的位置、长度和顺直度。

预制柱、预制墙安装前，在预制构件及其支承构件间设置高度位置调整垫片。

竖向预制构件采用连通腔灌浆，并合理划分连通灌浆区域；每个区域除预留灌浆孔、出浆孔与排气孔外，形成密闭空腔；连通灌浆区域内任意两个灌浆套筒间最大间距不超过 1m。

灌浆料使用前，应检查产品包装上印制的有效期和产品的外观，用水量应按灌浆料使用说明书的要求确定，并应按重量计量。

灌浆施工应按施工方案执行，灌浆操作全过程应有专职检验人员负责现场监督并及时形成施工检查记录，施工检查记录宜包括影像文件。

灌浆施工时，环境温度应符合灌浆料产品使用说明书要求；环境温度低于 5℃时，应采用低温灌浆料施工；当环境温度高于 30℃时，应采取有效措施降低灌浆料拌合物温度。

对竖向钢筋套筒灌浆连接，灌浆作业采用压浆法从灌浆套筒下灌浆孔注入，当灌浆料拌合物从构件其他灌浆孔、出浆孔流出后应及时封堵，采用连通腔灌浆时，宜采用一处灌浆的方式。

对水平钢筋套筒灌浆连接，灌浆作业采用压浆法从灌浆套筒灌浆孔注入，当灌浆套筒灌浆孔、出浆孔的连接管或接头处的灌浆料拌合物高于套筒外表面最高点时，停止灌浆，并及时封堵灌浆孔、出浆孔。

灌浆料宜在加水后 30min 内用完。

灌浆料抗压强度达到 $35N/mm^2$ 后，进入下一道工序施工；灌浆料抗压强度达到设计要求后，拆除临时固定措施。

灌浆施工的质量符合验收规范。

③ 工具设备的使用及维护

A. 常用检测工具

正确使用温度计、量杯、台秤。

B. 特殊工具

正确使用流动度检测仪。

正确使用灌浆饱满性检测仪。

C. 机具

正确使用电动搅拌桶、空气泵。

能对压力桶和检测工具进行常规维护保养。

3）安全文明施工

① 安全施工

施工前做好班组安全教育，准备安全防护用品（安全帽、安全带、防滑鞋）；使用脚手架前必须经过验收合格；非机电设备操作人员不准擅动机械和机电设备；现场孔洞、楼梯间应设置护身栏杆或盖板，槽沟孔洞夜间设置警示灯；禁止酒后施工。

登高作业的安全规定：登高操作人员必须经体检合格后，才能进行登高作业，凡有高血压、贫血、心脏病或癫痫的工人，均不能上岗；遇有5级以上大风天气，应停止施工。

冬期、雨期的安全规定：冬期施工时，保证施工面无雪迹，应先清理干净施工面，方可作业；夏季做好防雷电工作。

防触电、机械伤人的安全规定：使用机械设备要专人管理和操作，上班前必须对机具和电器设备进行检查，检查合格后使用。

② 文明施工

A. 环境保护

降低施工噪声：将容易产生噪声污染的分项工程安排在白天施工，所有材料运输车辆进入现场后禁止鸣笛，减少噪声；手持电动工具或切割器具应尽量在封闭的区域内使用。

节水节电：合理使用现场水电，及时关闭水源和电闸箱，人走灯灭。

B. 成品保护

成品搬运过程中所需运输均应有防护措施，禁止构件与构件、铁件、硬件等直接接触，以免损坏材料。

加强与各专业交叉施工时，相互配合、相互保护。

（3）考核权重表

1）理论知识考核权重表，见附表3-3-1。

理论知识考核权重表 **附表 3-3-1**

考核项目	考核权重比例（%）
基础知识	25
专业知识	50
安全知识	15

续表

考核项目	考核权重比例（%）
环境保护知识	5
职业道德知识	5
合计	100

2）实际操作考核权重表

① 装配实际操作考核权重表，见附表 3-3-2。

装配实际操作考核权重表　　附表 3-3-2

考核项目	考核权重比例（%）
安装施工准备	20
吊装操作技能	60
安全文明生产	10
环境保护	10
合计	100

② 灌浆实际操作考核权重表，见附表 3-3-3。

灌浆实际操作考核权重表　　附表 3-3-3

考核项目	考核权重比例（%）
操作技能	60
工具设备的使用和维护	20
安全文明生产	10
环境保护	10
合计	100